水利工程建设与管理

徐传久　王继新　余章振　主编

汕頭大學出版社

图书在版编目（CIP）数据

水利工程建设与管理 / 徐传久，王继新，余章振主编. -- 汕头 : 汕头大学出版社，2023.5
ISBN 978-7-5658-5032-5

Ⅰ. ①水… Ⅱ. ①徐… ②王… ③余… Ⅲ. ①水利工程管理 Ⅳ. ①TV6

中国国家版本馆 CIP 数据核字（2023）第 099046 号

水利工程建设与管理
SHUILI GONGCHENG JIANSHE YU GUANLI

主　　编：徐传久　王继新　余章振
责任编辑：郭　炜
责任技编：黄东生
封面设计：刘梦杳
出版发行：汕头大学出版社
　　　　　广东省汕头市大学路 243 号汕头大学校园内　邮政编码：515063
电　　话：0754-82904613
印　　刷：廊坊市海涛印刷有限公司
开　　本：710mm × 1000mm　1/16
印　　张：9
字　　数：180 千字
版　　次：2023 年 5 月第 1 版
印　　次：2024 年 1 月第 1 次印刷
定　　价：46.00 元
ISBN 978-7-5658-5032-5

前言

Preface

我国水利工程大多兴建于20世纪六七十年代，当时的技术发展水平相当有限，而且资金短缺，这些都制约了水利工程建设水平的提高。随着经济的快速发展，对于水利工程的要求也日渐提高，现存的部分水利工程设施已经不能很好地适应当今发展的需求。特别是有些水利工程出现的软基、渗漏、淤积等问题，已经影响到了水利工程基础作用的发挥。水利工程存在的病险严重影响了它最终的效能。甚至有些水利工程存在的险情对下游的人民造成了生命和财产的威胁。如果水利工程出现问题，带来的损失将是难以估量的。可见，水利工程基础设施薄弱是水利工程现存的严重问题。

水利工程建设项目管理是指以水利工程建设项目为管理对象，为实现其特定的建设目标，在项目建设周期内对有限资源进行计划、组织、协调、控制的系统管理活动。水利工程建设项目管理是具有行业特点的建设项目管理，它不同于其他非项目管理活动，具有如下特征：

（1）管理的目标明确，即高效率地实现工程项目的建设目标，它是检验项目管理成败的标志。

（2）实行项目经理负责制。

（3）用系统工程的理论和方法对建设项目进行科学的系统管理。

本书突出了基本概念与基本原理，在写作时尝试多方面知识的融会贯通，注重知识层次的递进，同时注重理论与实践的结合。希望可以为广大读者提供借鉴或帮助。

由于笔者水平及时间有限，书中纰漏之处在所难免，恳请广大读者批评指正。

目录

Contents

第一章　水利工程建设研究

第一节　概述

一、基本建设的概念

（一）基本建设概念

基本建设是国家为了扩大再生产而进行的增加固定资产的建设工作。基本建设是发展社会生产、增强国民经济实力的物质基础，是提高人民群众物质生活水平和文化水平的重要手段，是实现社会扩大再生产的必要条件。

基本建设是指国民经济各部门利用国家预算拨款、自筹资金、国内外基本建设贷款，以及其他专项基金而进行的以扩大生产能力或增加工程效益为主要目的的新建、扩建、改建、技术改造、更新和恢复工程及其有关工作。如建造工厂、矿山、铁路、港口、电站、水库、学校、医院、商店、住宅和购置机器设备、车辆、船舶等活动，以及与之紧密相连的征用土地、房屋拆迁、移民安置、勘测设计、人员培训等工作。

基本建设是固定资产的建设，即建筑、安装和购置固定资产的活动及与之相关的工作，是通过对建筑产品的施工、拆迁或整修等活动形成固定资产的经济过程，它是以建筑产品为过程的产出物。基本建设需要消耗大量的劳动力、建筑材料、施工机械设备及资金，而且还需要多个具有独立责任的单位共同参与，需要对时间和资源进行合理有效的安排，是一个复杂的系统工程。

在基本建设活动中，以建筑安装工程为主体的工程建设是实现基本建设的关键。

（二）基本建设的主要内容

基本建设包括以下几方面的工作。

1.建筑安装工程

建筑安装工程是基本建设的重要组成部分，是通过勘测、设计、施工等生产活动创造建筑产品的过程。本部分工作包括建筑工程和设备安装工程两个部分。建筑工程包括各种建筑物和房屋的修建、金属结构的安装、安装设备的基础建造等工作。设备安装工程包括生产、动力、起重、运输、输配电等需要安装的各种机电设备的装配、安装试车等工作。

2.设备及工器具的购置

设备及工器具的购置是建设单位为建设项目需要向制造业采购或自制达到标准（使用年限一年以上和单件价值在规定限额以上）的机电设备、工具、器具等的购置工作。

3.其他基本建设工作

其他基本建设工作指不属于上述两项的基本建设工作，如勘测、设计、科学试验、淹没及迁移赔偿、水库清理、施工队伍转移、生产准备等工作。

（三）基本建设工程项目的分类

基本建设工程项目一般是指具有一个计划任务书和一个总体设计进行施工，由一个或几个单项工程组成，经济上实行统一核算，行政上有独立组织形式的工程建设实体。在工业建设中，一般是以一个企业或联合企业为建设项目，如独立的工厂、矿山、水库、水电站、港口、引水工程、医院、学校等。

企事业单位按照规定用基本建设投资单纯购置设备、工具、器具，如车、船、飞机、勘探设备、施工机械等，虽然属基本建设范围，但不作为基本建设项目。凡属于一个总体设计中的主体工程和相应的附属配套工程、综合利用工程、环境保护工程、供水供电工程以及水库的干渠配套工程等，只看作一个建设项目。

建设项目可以按不同标准进行分类，常见的有以下几种分类方法。

1.按性质划分

建设项目按其建设性质不同，可划分成基本建设项目和更新改造项目两大类。一个建设项目只有一种性质，在项目按总体设计全部建成之前，其建设性质是始终不变的。

（1）基本建设项目。基本建设项目是投资建设用于进行以扩大生产能力或增加工程效益为主要目的的新建、扩建工程及有关工作。具体包括以下几个：

①新建项目：以技术、经济和社会发展为目的，从无到有的建设项目。即原来没有，现在新开始建设的项目。有的建设项目并非从无到有，但其原有基础薄弱，经过扩大建设规模，新增加的固定资产价值超过原有固定资产价值的三倍，也可称为新建项目。

②扩建项目：企业为扩大生产能力或新增效益而增建的生产车间或工程项目，以及事业和行政单位增建业务用房等。

③恢复项目：原有企业、事业和行政单位中，因自然灾害或战争，原有固定资产遭受全部或部分报废，需要进行投资重建来恢复生产能力和业务工作条件、生活福利设施等的建设项目。

④迁建项目：企事业单位，由于改变生产布局或环境保护和安全生产以及其他特别需要，迁往外地的建设项目。

（2）更新改造项目。更新改造项目是指建设资金用于对企事业单位原有设施进行技术改造或固定资产更新，以及相应配套的辅助性生产、生活福利等工程和有关工作。更新改造项目包括挖潜工程、节能工程、安全工程、环境工程。更新改造措施应遵循专款专用，少搞土建，不搞外延原则来进行。

更新改造项目以提高原有企业劳动生产率，改进产品质量，或改变产品方向为目的，而对原有设备或工程进行改造的项目。有的为了提高综合生产能力，增加一些附属或辅助车间和非生产性工程，也属于改建项目。

2.按用途划分

基本建设项目还可按用途划分为生产性建设项目和非生产性建设项目。

（1）生产性建设项目。生产性建设项目指直接用于物质生产或满足物质生产需要的建设项目，如工业、建筑业、农业、水利、气象、运输、邮电、商业、物资供应、地质资源勘探等建设项目。

主要包括以下四个方面：①工业建设，包括工业国防和能源建设；②农业建设，包括农、林、牧、水利建设；③基础设施，包括交通、邮电、通信建设，地质普查，勘探建设，建筑业建设等；④商业建设，包括商业、饮食、营销、仓储、综合技术服务事业的建设等。

（2）非生产性建设项目。非生产性建设项目是用于满足人民物质生活和文化生活需要的建设项目，如住宅、文教、卫生、科研、公用事业、机关和社会团体等建设项目。

非生产性建设项目主要包括以下几个方面：①办公用房，如各级国家党政机关、社会团体、企业管理机关的办公用房；②居住建筑，如住宅、公寓、别墅；③公共建筑，如科学、教育、文化艺术、广播电视、卫生、体育、社会福利事业、公用事业、咨询服务、宗教、金融、保险等建设；④其他建设，即不属于上述各类的其他非生产性建设等。

3.按建设规模或投资大小划分

基本建设项目按建设规模或投资大小分为大型项目、中型项目和小型项目。国家对工业建设项目和非工业建设项目均规定有划分大、中、小型的标准，各部委对所属专业建设项目也有相应的划分标准，如水利水电建设项目就有对水库、水电站、堤防等划分为大、中、小型的标准。

划分项目等级的原则：

（1）按批准的可行性研究报告（或初步设计）所确定的总设计能力或投资总额的大小，依据国家颁布的《基本建设项目大中小型划分标准》进行分类。

（2）凡生产单一产品的项目，一般以产品的设计生产能力划分；生产多种产品的项目，一般按照其主要产品的设计生产能力划分；产品分类较多，不易分清主次，难以按产品的设计能力划分时，可按投资额划分。

（3）对国民经济和社会发展具有特殊意义的某些项目，虽然设计能力或全部投资不够大、中型项目标准，但经国家标准已列入大、中型计划或国家重点建设工程的项目，也按大、中型项目管理。

（4）更新改造项目一般只按投资额分为限额以上和限额以下项目，不再按生产能力或其他标准划分。

4.按隶属关系划分

建设项目按隶属关系可分为国务院各部门直属项目、地方投资国家补助项目、地方项目、企事业单位自筹建设项目。

5.按建设阶段划分

建设项目按建设阶段分为预备项目、筹建项目、施工项目、建成投产项目、收尾项目和竣工项目等。

（1）预备项目（或探讨项目）。预备项目是指按照中长期投资计划拟建而又未立项的建设项目，只做初步可行性研究或提出设想方案供参考，不进行建设的实际准备工作。

（2）筹建项目（或前期工作项目）。筹建项目是指经批准立项，正在建设前期准备工作而尚未开始施工的项目。

（3）施工项目。施工项目是指本年度计划内进行建筑或安装施工活动的项目，包括新开工项目和续建项目。

（4）建成投产项目。建成投产项目是指年内按设计文件规定建成主体工程和相应配套辅助设施，形成生产能力或发挥工程效益，经验收合格并正式投入生产或交付使用的建设项目，包括全部投产项目、部分投产项目和建成投产单项工程。

（5）收尾项目。收尾项目是指以前年度已经全部建成投产，但尚有少量不影响正常生产使用的辅助工程或非生产性工程，在本年度继续施工的项目。

国家根据不同时期国民经济发展的目标、结构调整任务和其他一些需要，对以上各类建设项目指定不同的调控和管理政策、法规、办法。因此，系统地了解上述建设项目各种分类对建设项目的管理具有重要意义。

二、基本建设程序

我国基本建设程序最初是1952年政务院正式颁布的，基本上是苏联管理模式和方法的翻版。随着各项建设事业的不断发展，尤其近十多年来管理体制的一系列改革，基本建设程序也不断变化，逐步完善和科学化。

工程建设一般要经过规划、设计、施工等阶段以及试运转和验收等过程，才能正式投入生产。工程建成投产以后，还需要进行观测、维修和改进。整个工程建设过程是由一系列紧密联系的过程所组成，这些过程既有顺序联系，又有平行搭接关系，在每个过程以及过程与过程之间又由一系列紧密相连的工作环节构成了一个有机整体。由此构成了反映基本建设内在规律的基本建设程序，简称基本建设程序。基本建设程序是基本建设中的客观规律，违背它必然受到惩罚。

基本建设程序中的工作环节，多具有环环相扣、紧密相连的性质。其中任意一个中间环节的开展，至少要以一个先行环节为条件，即只有当它的先行环节已经结束或已进展到相当程度，才有可能转入这个环节。基本建设程序中的各个环节，往往涉及好几个工作单位，需要各个单位的协调和配合，如果稍有脱节，常会带来牵动全局的影响。基本建设程序是在工程建设实践中逐步形成的，它与基本建设管理体制密切相关。

（一）水利工程建设项目的分类

根据《水利基本建设投资计划管理暂行办法》，将水利基本建设项目类型划分为以下几个：

（1）水利工程建设项目按其功能和作用分为公益性、准公益性和经营性3类，其中：①公益性项目是指具有防洪、排涝、抗旱和水资源管理等社会公益性管理和服务功能，自身无法得到相应经济回报的水利项目，如堤防工程、河道整治工程、蓄滞洪区安全建设工程、除涝、水土保持、生态建设、水资源保护、贫苦地区人畜饮水、防汛通信、水文设施等。②准公益性项目是指既有社会效益又有经济效益的水利项目，其中大部分是以社会效益为主。如综合利用的水利枢纽（水库）工程、大型灌区节水改造工程等。③经营性项目是指以经济效益为主的水利项目。如城市供水、水力发电、水库养殖、水上旅游及水利综合经营等。

（2）水利工程建设项目按其对社会和国民经济发展的影响分为中央水利基本建设项目（简称中央项目）和地方水利基本建设项目（简称地方项目），其中：①中央项目是指对国民经济全局、社会稳定和生态环境有重大影响的防洪、水资源配置、水土保持、生态建设、水资源保护等项目，或中央认为负有直接建设责任的项目。②地方项目是指局部受益的防洪除涝、城市防洪、灌溉排水、河道整治、供水、水土保持、水资源保护、中小型水电站建设等项目。

（3）水利基本建设项目根据其建设规模和投资额分为大中型和小型项目。大中型项目是指满足下列条件之一的项目：①堤防工程：一、二级堤防；②水库工程：总库容1000万立方米以上（含1000万立方米，以下同）；③水电工程：电站总装机容量5万千瓦以上；④灌溉工程：灌溉面积30万亩以上；⑤供水工程：日供水10万吨以上；⑥总投资在国家规定的限额以上的项目。

（二）管理体制及职责

我国目前的基本建设管理体制大体是：对于大中型工程项目，国家通过计划部门及各部委主管基本建设的司（局），控制基本建设项目的投资方向；国家通过建设银行管理基本建设投资的拨款和贷款；各部委通过工程项目的建设单位，统筹管理工程的勘测、设计、科研、施工、设备材料订货、验收以及筹备生产运行管理等各项工作；参与基本建设活动的勘测、设计、施工、科研和设备材料生产等单位，按合同协议与建设单位建立联系或相互之间建立联系。

我国对水资源管理体制做出了明确规定："国家对水资源实行流域管理与行政区域管理相结合的管理体制。国务院水行政主管部门负责全国水资源的统一管理和监督工作。国务院水行政主管部门在国家确定的重要江河、湖泊设立的流域管理机构，在所管辖的范围内行使法律、行政法规规定的和国务院水行政主管部门授予的水资源管理和监督职责。县级以上地方人民政府水行政主管部门按照规定的权限，负责本行政区域内水资源的统一管理和监督工作。国务院有关部门按照职责分工，负责水资源开发、利用、节约和保护的有关工作。县级以上地方人民政府有关部门按照职责分工，负责本行政区域内水资源开发、利用、节约和保护的有关工作。"

《水利工程建设项目管理规定》进一步明确：水利工程建设项目管理实行统一管理、分级管理和目标管理，逐步建立水利部、流域机构和地方水行政主管部门以及建设项目法人分级、分层次管理的管理体系。水利工程建设项目管理要严格按建设程序进行，实行全过程的管理、监督、服务。水利工程建设要推行项目法人责任制、招标投标制和建设监理制，积极推行项目管理。水利部是国务院水行政主管部门，对全国水利工程建设实行宏观管理。水利部建管司是水利部主管水利建设的综合管理部门，在水利工程建设项目管理方面，其主要管理职责是：①贯彻执行国家的方针政策，研究制定水利工程建设的政策法规，并组织实施；②对全国水利工程建设项目进行行业管理；③组织和协调部属重点水利工程的建设；④积极推行水利建设管理体制的改革，培育和完善水利建设市场；⑤指导或参与省属重点大中型工程，中央参与投资的地方大中型工程建设的项目管理。

流域机构是水利部的派出机构，对其所在流域行使水行政主管部门的职责，负责本流域水利工程建设的行业管理。

省（自治区、直辖市）水利（水电）厅（局）是本地区的水行政主管部门，负责本地区水利工程建设的行业管理。

水利工程项目法人对建设项目的立项、筹资、建设、生产经营、还本付息以及资产保值增值的全过程负责，并承担投资风险。代表项目法人对建设项目进行管理的建设单位是项目建设的直接组织者和实施者，负责按项目的建设规模、投资总额、建设工期、工程质量，实行项目建设的全过程管理，对国家或投资各方负责。

（三）各阶段的工作要求

1.项目建议书阶段

（1）项目建议书应根据国民经济和社会发展规划、流域综合规划、区域综合规划、专业规划，按照国家产业政策和国家有关投资建设方针进行编制，是对拟进行建设项目提出的初步说明。

（2）项目建议书的编制一般委托有相应资质的工程咨询或设计单位承担。

2.可行性研究报告阶段

（1）根据批准的项目建议书，可行性研究报告应对项目进行方案比较，对技术上是否可行和经济上是否合理进行充分的科学分析和论证。经过批准的可行性研究报告，是项目决策和进行初步设计的依据。

（2）可行性研究报告应按照《水利水电工程可行性研究报告编制规程》（SL/T 618–2021）编制。

（3）可行性研究报告的编制一般委托有相应资质的工程咨询或设计单位承担。可行性研究报告经批准后，不得随意修改或变更，在主要内容上有重要变动时，应经过原批准机关复审同意。

3.初步设计阶段

（1）初步设计是根据批准的可行性研究报告和必要而准确的勘察设计资料，对设计对象进行通盘研究，进一步阐明拟建工程在技术上的可行性和经济上的合理性，确定项目的各项基本技术参数，编制项目的总概算。其中概算静态总投资原则上不得突破已批准的可行性研究报告估算的静态总投资。由于工程项目基本条件发生变化，引起工程规模、工程标准、设计方案、工程量的改变，其静态总投资超过可行性研究报告相应估算静态总投资的15%以下时，要对工程变化内容和增加投资提出专题分析报告。超过15%（含15%）时，必须重新编制可行性研究报告并按原程序报批。

（2）初步设计报告应按照《水利水电工程初步设计报告编制规程》（SL/T 619–2021）编制。初步设计报告经批准后，主要内容不得随意修改或变更，并作为项目建设实施的技术文件基础。在工程项目建设标准和概算投资范围内，依据批准的初步设计原则，一般非重大设计变更、生产性子项目之间的调整，由主管部门批准。在主要内容上有重要变动或修改（包括工程项目设计变更、子项目调整、建设标准调整、概算调整）等，应按程序上报原批准机关复审同意。

（3）初步设计任务应选择有项目相应资格的设计单位承担。

4.施工准备阶段（包括招标设计）

施工准备阶段是指建设项目的主体工程开工前，必须完成的各项准备工作。其中，招标设计指为施工以及设备材料招标而进行的设计工作。

5.建设实施阶段

建设实施阶段是指主体工程的建设实施，项目法人按照批准的建设文件，组织工程建设，保证项目建设目标的实现。

6.生产准备（运行准备）阶段

生产准备（运行准备）阶段指为工程建设项目投入运行前所进行的准备工作，完成生产准备（运行准备），是工程由建设转入生产（运行）的必要条件。项目法人应按照建管结合和项目法人责任制的要求，适时做好有关生产准备（运行准备）工作。生产准备（运行准备）应根据不同类型的工程要求确定，一般包括以下主要工作内容：

（1）生产（运行）组织准备：建立生产（运行）经营的管理机构及相应管理制度。

（2）招收和培训人员：按照生产（运行）的要求，配套生产（运行）管理人员，并通过多种形式的培训，提高人员的素质，使之能满足生产（运行）要求。生产（运行）管理人员要尽早介入工程的施工建设，参加设备的安装调试工作，熟悉有关情况，掌握生产（运行）技术，为顺利衔接基本建设和生产（运行）阶段做好准备。

（3）生产（运行）技术准备：主要包括技术资料的汇总、生产（运行）技术方案的制定、岗位操作规程制定和新技术准备。

（4）生产（运行）物资准备：主要是落实生产（运行）所需的材料、工器具、备品备件和其他协作配合条件的准备。

（5）正常的生活福利设施准备。

7.竣工验收

竣工验收是工程完成建设目标的标志，是全面考核建设成果、检验设计和工程质量的重要步骤。竣工验收合格的工程建设项目即可以从基本建设转入生产（运行）。

竣工验收按照《水利水电建设工程验收规程》（SL 223-2008）进行。

8.项目后评价

（1）工程建设项目竣工验收后，一般经过1～2年生产（运行）后，要进行一次系统的项目后评价，主要内容包括：①影响评价：项目投入生产（运行）后对各方面的影响进行评价；②经济效益评价：项目投资、国民经济效益、财务效益、技术进步和规模效益、可行性研究深度等评价；③过程评价：对项目的立项、勘察设计、施工、建设管理、生产（运行）等全过程进行评价。

（2）项目后评价一般按三个层次组织实施，即项目法人的自我评价、项目行业的评价、计划部门（或主要投资方）的评价。

（3）项目后评价工作必须遵循客观、公正、科学的原则，做到分析合理、评价公正。

三、水利工程建设项目验收

（一）水利工程验收的分类及工作内容

1.工程验收的目的

（1）考察工程的施工质量：通过对已完工程各个阶段的检查、试验，考核承包人的施工质量是否达到了设计和规范的要求，施工成果是否满足设计要求形成的生产或使用能力。通过各阶段的验收工作，及时发现和解决工程建设中存在的问题，以保证工程项目按照设计要求的各项技术经济指标正常投入运行。

（2）明确合同责任：由于项目法人将工程的设计、监理、施工等工作内容通过合同的形式委托给不同的经济实体，项目法人与设计、监理、承包人都是经济合同关系，因此通过验收工作可以明确各方的责任。承包人在合同验收结束后可及时将所承包的施工项目交付项目法人照管，及时办理结算手续，减少自身管理费用。

（3）规范建设程序，发挥投资效益：由于一些水利工程工期较长，其中某些能够独立发挥效益的子项目（如分期安装的电站、溢洪道等），需要提前投入使用。但根据验收规范要求，不经验收的工程不得投入使用。为保证工程提前发挥效益，需要对提前使用的工程进行验收。

2.验收的分类

水利工程验收按照验收主持单位可分为法人验收和政府验收。

（1）法人验收：法人验收包括分部工程验收、单位工程验收、水电站（泵站）中间机组启动验收、合同工程完工验收等。

（2）政府验收：政府验收包括阶段验收[枢纽工程导（截）流验收、水库下闸蓄水验收、引（调）排水工程通水验收、水电站（泵站）机组启动验收、部分工程投入使用验收]、专项验收（征地移民工程验收、水土保持验收、环境工程验收、档案资料验收等）、竣工验收等。

（3）验收主持单位：法人验收由项目法人（分部工程可委托监理机构）主持，勘测、设计、监理、施工、主要设备制造（供应）商组成验收工作组，运行管理单位可视具体情况而定。政府验收主持单位根据工程项目具体情况而不同，一般为政府的行业主管部门或项目主管单位。

3.工程验收的主要依据和工作内容

（1）工程验收的主要依据：①国家现行有关法律、法规、规章和技术标准。②有关主管部门的规定。③经批准的工程立项文件、初步设计文件、调整概算文件。④经批准的设计文件及相应的工程变更文件。⑤施工图纸及主要设备技术说明书等。⑥施工合同。

（2）工程验收的主要内容：①检查工程是否按照批准的设计进行建设。②检查已完工程在设计、施工、设备制造安装等方面的质量及相关资料的收集、整理和归档情况。③检查工程是否具备运行或进行下一阶段建设的条件。④检查工程投资控制和资金使用情况。⑤对验收遗留问题提出处理意见。⑥对工程建设做出评价和结论。

（二）法人验收

法人验收包括：分部工程验收、单位工程验收、水电站（泵站）中间机组启动验收、合同工程完工验收等。

1.分部工程验收

（1）分部工程验收工作组组成：分部工程验收应由项目法人（或委托监理机构）主持，验收工作组应由项目法人、勘测、设计、监理、施工、主要设备制造（供应）商等单位的代表组成。运行管理单位根据具体情况决定是否参加。对于大型枢纽工程主要建筑物的分部工程验收会议，质量监督单位宜列席参加。

（2）验收工作组成员的资格：大型工程分部工程验收工作组成员应具有中级及以上技术职称或相应执业资格；其他工程的验收工作组成员应具有相应的专业知识或执业资格。参加分部工程验收的每个单位代表人数不宜超过2名。

（3）分部工程验收应具备的条件：①所有单元工程已经完成。②已完成单元工程施工质量经评定全部合格，有关质量缺陷已处理完毕或有监理机构批准的处理意见。③合同约定的其他条件。

（4）分部工程验收的主要内容：①检查工程是否达到设计标准或合同约定标准的要求。②按照《水利水电工程施工质量检验与评定规程》（SL 176-2007），评定工程施工质量等级。③对验收中发现的问题提出处理意见。

（5）分部工程验收的程序：①分部工程具备验收条件时，由承包人向项目法人提交验收申请报告。项目法人应在收到验收申请报告之日起10个工作日内决定是否同意进行验收。②进行分部工程验收时，验收工作组听取承包人工程建设和单元工程质量评定情况的汇报。③现场检查工程完成情况和工程质量。④检查单元工程质量评定及相关档案资料。⑤讨论并通过分部工程验收鉴定书，验收工作组成员签字。如有遗留问题，应有书面记录并有相关责任单位代表签字，书面记录随验收鉴定书一并归档。

（6）其他：项目法人应在分部工程验收通过之日起10个工作日内，将验收质量结论和相关资料报质量监督机构核备。大型枢纽工程主要建筑物分部工程的验收质量结论应报质量监督机构核定。质量监督机构应在收到验收结论之日起20个工作日内，将核备（定）意见书反馈给项目法人。项目法人在验收通过30个工作日内，将验收鉴定书分发有关单位。

2.单位工程验收

（1）单位工程验收工作组组成：单位工程验收应由项目法人主持，验收工作组应由项目法人、勘测、设计、监理、施工、主要设备制造（供应）商、运行管理等单位的代表组成。必要时可邀请上述单位以外的专家参加。

（2）验收工作组成员的资格：单位工程验收工作组成员应具有中级及以上技术职称或相应执业资格。每个单位代表人数不宜超过3名。

（3）单位工程验收应具备的条件：①所有分部工程已完建并验收合格。②分部工程验收遗留问题已处理完毕并通过验收，未处理的遗留问题不影响单位工程质量评定并有处理意见。③合同约定的其他条件。

（4）单位工程验收的主要内容：①检查工程是否按照批准的设计的内容完成。②评定工程施工质量等级。③检查分部工程验收遗留问题处理情况及相关记录。④对验收中发现的问题提出处理意见。

（5）单位工程验收的程序：①单位工程具备验收条件时，由承包人向项目法人提交验收申请报告。项目法人应在收到验收申请报告之日起10个工作日内决定是否同意进行验收。项目法人决定验收时，还应提前通知质量和安全监督机构，质量监督和安全监督机构应派人员列席参加验收会议。②进行单位工程验收时，验收工作组听取参建单位工程建设有关情况的汇报。③现场检查工程完成情况和工程质量。④检查分部工程验收有关文件及相关档案资料。⑤讨论并通过单位工程验收鉴定书，验收工作组成员签字。如有遗留问题须书面记录并由相关责任单位代表签字，书面记录随验收鉴定书一并归档。

（6）其他：①需要提前投入使用的单位工程应进行单位工程投入使用验收。验收主持单位为项目法人，根据具体情况，经验收主持单位同意，单位工程投入使用验收也可由竣工验收主持单位或其委托的单位主持。②项目法人应在单位工程验收通过10个工作日内，将验收质量结论和相关资料报质量监督机构核定。质量监督机构应在收到验收结论之日起20个工作日内，将核备（定）意见书反馈给项目法人。项目法人在验收通过30个工作日内，将验收鉴定书分发有关单位。

3.合同工程完工验收

（1）合同工程验收工作组组成：合同工程验收应由项目法人主持，验收工作组应由项目法人、勘测、设计、监理、施工、主要设备制造（供应）商等单位的代表组成。

（2）合同工程验收应具备的条件：①合同范围内的工程项目和工作已按合同约定完成。②工程已按规定进行了有关验收。③观测仪器和设备已测得初始值及施工期各项观测值。④工程质量缺陷已按要求进行处理。⑤工程完工结算已完成。⑥施工现场已经进行清理。⑦须移交项目法人的档案资料已按要求整理完毕。⑧合同约定的其他条件。

（3）合同工程验收的主要内容：①检查合同范围内工程项目和工作完成情况。②检查施工现场清理情况。③检查已投入使用工程运行情况。④检查验收资料整理情况。⑤鉴定工程施工质量。⑥检查工程完工结算情况。⑦检查历次验收遗留问题的处理情况。⑧对验收中发现的问题提出处理意见。⑨确定合同工程完工日期。⑩讨论并通过合同工程完工验收鉴定书。

（4）合同工程验收的程序：合同工程具备验收条件时，由承包人向项目法人提交验收申请报告。项目法人应在收到验收申请报告之日起20个工作日内决定是否同意进行验收。

（5）其他：项目法人应在合同工程验收通过30个工作日内，将验收鉴定书分发有关单位，并报送法人验收监督管理机关备案。

（三）阶段验收

1.阶段验收的一般规定

（1）阶段验收应包括枢纽工程导（截）流验收、水库下闸蓄水验收、引（调）排水工程通水验收、水电站（泵站）首（末）台机组启动验收、部分工程投入使用验收，以及竣工验收主持单位根据工程建设需要增加的其他验收。

（2）阶段验收应由竣工验收主持单位或其委托的单位主持。其验收委员会应由验收主持单位、质量和安全监督机构、运行管理单位的代表以及有关专家组成；必要时可邀请地方人民政府以及有关部门的代表参加。工程参建单位应派代表参加阶段验收，并作为被验收单位在验收鉴定书上签字。

（3）工程建设具备阶段验收条件时，项目法人应提出阶段验收申请报告。阶段验收申请报告应由法人验收监督管理机关审查后转报竣工验收主持单位。竣工验收主持单位应自收到申请报告之日起20个工作日内决定是否同意进行阶段验收。

2.阶段验收的主要内容

（1）检查已完工程的形象面貌和工程质量。

（2）检查在建工程的建设情况。

（3）检查未完工程的计划安排和主要技术措施落实情况，以及是否具备施工条件。

（4）检查拟投入使用的工程是否具备运行条件。

（5）检查历次验收遗留问题的处理情况。

（6）鉴定已完工程施工质量。

（7）对验收中发现的问题提出处理意见。

（8）讨论并通过阶段验收鉴定书。

3.枢纽工程导（截）流验收

（1）导（截）流验收应具备的条件：①导流工程已基本完成，具备过流条件，投入使用（包括采取措施后）不影响其他后续工程继续施工。②满足截流要求的水下隐蔽工程已完成。③截流设计已获批准，截流方案已编制完成，并做好各项准备工作。④工程度汛方案已经由有管辖权的防汛指挥部门批准，相关措施已落实。⑤截流后壅高水位以下的移民搬迁安置和库底清理已完成并通过验收。⑥有航运功能的河道，碍航问题已得到解决。

（2）导（截）流验收包括的主要内容：①检查已完水下工程、隐蔽工程、导（截）流工程是否满足导（截）流要求。②检查建设征地、移民搬迁安置和库底清理完成情况。③审查截流方案，检查导（截）流措施和准备工作落实情况。④检查为解决碍航等问题而采取的工程措施落实情况。⑤鉴定与截流有关的已完工程施工质量。⑥对验收中发现的问题提出处理意见。⑦讨论并通过阶段验收鉴定书。

4.水库下闸蓄水验收

（1）下闸蓄水验收应具备的条件：①挡水建设物的形象面貌满足蓄水位的要求。②蓄水淹没范围内的移民搬迁安置和库底清理已完成并通过验收。③蓄水后需要投入使用的泄水建筑物已基本完成，具备过流条件。④有关观测仪器、设备已按设计要求安装和调试，并已测得初始值和施工期观测值。⑤蓄水后未完工程的建设计划和施工措施已落实。⑥蓄水安全鉴定报告已提交。⑦蓄水后可能影响工程安全运行的问题已处理，有关重大技术问题已有结论。⑧蓄水计划、导流洞封堵方案等已编制完成，并做好各项准备工作。⑨年度度汛方案（包括调度运用方案）已经由有管辖权的防汛指挥部门批准，相关措施已落实。

（2）下闸蓄水验收的主要内容：①检查已完工程是否满足蓄水要求。②检查建设征地、移民搬迁安置和库底清理完成情况。③检查近坝库岸处理情况。④检查蓄水准备工作落实情况。⑤鉴定与蓄水有关的已完工程施工质量。⑥对验收中发现的问题提出处理意见。⑦讨论并通过阶段验收鉴定书。

5.引（调）排水工程通水验收

（1）通水验收应具备的条件：①引（调）排水建筑物的形象面貌满足通水的要求。②通水后未完工程的建设计划和施工措施已落实。③引（调）排水位以下的移民搬迁安置和障碍物清理已完成并通过验收。④引（调）排水的调度运用方案已编制完成，度汛方案已得到有管辖权的防汛指挥部门批准，相关措施已落实。

（2）通水验收的主要内容：①检查已完工程是否满足通水的要求。②检查建设征地、移民搬迁安置和清障完成情况。③检查通水准备工作落实情况。④鉴定与通水有关的工程施工质量。⑤对验收中发现的问题提出处理意见。⑥讨论并通过阶段验收鉴定书。

6.水电站（泵站）机组启动验收

（1）启动验收的主要工作。机组启动试运行工作组应进行的主要工作如下：①审查批准承包人编制的机组启动试运行试验文件和机组启动试运行操作规程等。②检查机组及相应附属设备安装、调试、试验以及分部试验运行情况，决定是否进行充水试验和空载试运行。③检查机组充水试验和空载试运行情况。④检查机组带主变压器与高压配电装置试验和并列及符合试验情况，决定是否进行机组带负荷连续运行。⑤检查机组带负荷连续运行情况。⑥检查带负荷连续运行结束后消缺处理情况。⑦审查承包人编写的机组带负荷连续运行情况报告。

（2）机组带负荷连续运行的条件：①水电站机组带额定负荷连续运行时间为72小时；泵站机组带额定负荷连续运行时间为24小时或7天内累计运行时间为48小时，包括机组无故障停机次数不少于3次。②受水位或水量限制无法满足上述要求时，经过项目法人组织论证并提出专门报告报验收主持单位批准后，可适当降低机组启动运行负荷以及减少连续运行的时间。

（3）技术预验收：在首（末）台机组启动验收前，验收主持单位应组织进行技术预验收，且应在机组启动试运行后进行。

（4）技术预验收应具备的条件：①与机组启动运行有关的建筑物基本完成，满足机组启动运行要求。②与机组启动运行有关的金属结构及启闭设备安装完成，并经过调试合格，可满足机组启动运行要求。③过水建筑物已具备过水条件，满足机组启动运行要求。④压力容器、压力管道以及消防系统等已通过有关主管部门的检测或验收。⑤机组、附属设备以及油、水、气等辅助设备安装完成，经调试合格并经分部试运转，满足机组启动运行要求。⑥必要的输配电设备安装调试完成，并通过电力部门组织的安全性评价或验收，送（供）电准备工作已就绪，通信系统满足机组启动运行要求。⑦机组启动运行的测量、监测、控制和保护等电气设备已安装完成并调试合格。⑧有关机组启动运行的安全防护措施已落实，并准备就绪。⑨按设计要求配备的仪器、仪表、工具及其他机电设备已能满足机组启动运行的需要。⑩机组启动运行操作规程已编制，并得到批准。

（5）技术预验收的主要内容：①听取有关建设、设计、监理、施工和试运行情况报告。②检查评价机组及其辅助设备质量、有关工程施工安装质量，检查试运行情况和消缺处理情况。③对验收中发现的问题提出处理意见。④讨论形成机组启动技术预验收工作报告。

（6）首（末）台机组启动验收应具备的条件：①技术预验收工作报告已提交。②技术预验收工作报告中提出的遗留问题已处理。

（7）首（末）台机组启动验收的主要内容：①听取工程建设管理报告和技术预验收工作报告。②检查机组、有关工程施工和设备安装以及运行情况。③鉴定工程施工质量。④讨论并通过机组启动验收鉴定书。

第二节　基层水利工程建设探析

水是人类生产和生活必不可少的宝贵资源，但其自然存在的状态并不完全符合人类的需要。只有修建水利工程，才能满足人民生活生产对水资源的需求。水利工程是抗御水旱灾害、保障资源供给、改善水环境和水利经济实现的物质基础。随着经济社会的持续快速发展，水环境发生深刻变化，基层水利工程对社会的影响更加凸显。近年来，水利工程建设与管护工作呈现一些问题，使得水利工程的正常运行和维护受到不同程度的影响。

一、水利工程建设意义

水利工程不仅要满足日益增长的人民生活和工农业生产发展的需要，更要为保护和改善环境服务。基层水利工程由于其层次的特殊性，对当地发展具有更重要的现实意义。

（一）保障水资源可持续发展

水具有不可替代性、有限性、可循环使用性以及易污染性，如果利用得当，可以极大地促进人类的生存与发展，保障人类的生命及财产安全。为了保障经济社会可持续发展，必须做好水资源的合理开发和利用。水资源的可持续发展能最大限度地保护生态环境，是维持人口、资源、环境相协调的基本要素，是社会可持续发展的重要组成部分。

（二）维持社会稳定发展

我国历来重视水利工程的发展，水利工程的建设情况关乎我国的经济结构能否顺利调整以及国民经济能否顺利发展。加强水利工程建设，是确保农业增收，顺利推进工业化和城镇化，使国民经济持续有力增长的基础和前提，对当地社会的长治久安大有裨益，水利工程建设情况在一定程度上是当地社会发展状况的晴雨表。

（三）提高农业经济效益和社会生态效益

水利工程建设一定程度上解决了生活和生产用水难的问题，也提高了农业效益和经济效益，为农业发展和农民增收做出了突出的贡献。在水利工程建设项目的实施过程中，各级政府和水利部门越来越注重水利工程本身以及周边的环境状况，并将水利工程建设作为农业发展的重中之重，极大地提升了当地的生态效益和社会效益。

二、水利工程建设问题

（一）工程建设大环境欠佳

虽然水利工程对当地农业发展至关重要，相关部门也都支持水利事业的发展，但是水利工程建设整体所处大环境欠佳，起步仍然比较晚，缺乏相关建设经验，致使水利工程建设发展较为缓慢。尽管近几年水利工程建设发展在提速，但整体仍比较缓慢。

（二）工程建设监督机制不健全

水利工程建设存在一定的盲目性、随意性，致使不能兼顾工程技术和社会经济效益等诸多方面。工程重复建设多以及工程纠纷多，造成了水利工程建设中出现规划无序、施工无质以及很多工程隐患等问题。工程建设监督治理机制不健全导致建设进度缓慢、施工过程不规范、监理不到位，最终表现在施工中存在着明显的质量问题，严重影响了水利工程有效功能的发挥，没有起到水利工程应该发挥的各项效用。

（三）工程建设资金投入渠道单一

水利工程建设管理单位在防洪、排涝、建设等工作中，耗费了大量的人力、物力、财力，而这些支出的补偿单靠水费收入远远不够。尽管当前各地政府都加大了水利工程的建设投入，但对于日益增长的需求，水利工程方面的投入仍然远远不足。我国是一个农业大国，且我国的农业发展劣势很明显，仍然需要国家大力扶持和政策保护以及积极开通其他融资渠道。

（四）工程建设标准低，损毁严重

工程建设质量与所处时代有很大关系，受限于当时的技术、资金条件，早期水利工程普遍存在设计标准低、施工质量差、工程不配套等问题。特别是工程运行多年后，水资源的利用率低，水资源损失浪费严重，水利工程老化失修、垮塌损毁严重，甚至存在重大的水利工程安全隐患。这些问题的发生，与当初工程建设设计标准过低关系很大。

（五）督导不及时、责任不明确

抓进度、保工期是确保工程顺利推进的头等大事。上级领导不能切实履行自身职责，不能做到深入工程一线，掌握了解情况，督促检查工程进展。各相关部门不敢承担责任，碰到问题相互推诿、扯皮、回避矛盾，不能积极主动地研究问题和想方设法去解决问题。对重点工程，上级部门做不到定期督查、定期通报、跟踪问效，对各项工程的进度、质量、安全等情况，同样做不到月检查、季通报、年考核。

（六）工程建设管理体制不顺畅

处于基层的水利工程管理单位，思想观念严重落后，仍然沿用粗放的管理方式，使得水资源的综合运营经济收益率非常低。水利工程管理存在着体制不顺、机制不活等问题，造成大量水利工程得不到正常的维修养护，工程效益严重衰减，难以发挥工程本身的实际效用，对工程本身造成了浪费，甚至给国民经济和人民生命财产带来极大的安全隐患。

（七）工程后期监管力量薄弱

随着社会经济的高速发展，水利工程建设突飞猛进，与此同时人为损毁工程现象也屡见不鲜。工程竣工后正常运行，对后期的监管多地表现出来的是监管乏力、捉襟见肘。监管不力，主要原因是管护队伍建设落后，缺乏必要的监管人员、车辆、器械等，执法不及时、不到位也是监管不力的重要原因。

三、未来发展探析

做好基层水利工程建设与管理意义重大，必须强化保障措施，扎实做好各项工作，保障水利工程正常运行。

（一）落实工作责任

按照河长制湖长制工作要求，要全面落实行政首长负责制，明确部门分工，建立健全绩效考核和激励奖惩机制，确保各项保障措施落实到位。通过会议安排以及业务学习等方式，使基层领导干部深刻地认识到水利工程建设的重要性和必要性，不断提高对水利工程的认识，积极主动推进水利工程建设，为农田水利事业的发展打下坚实的基础。

（二）加强推进先进理念

采取专项培训和“走出去，请进来”等方法，抓好水利工程建设管理从业者的业务培训，开阔眼界，提高业务水平。积极学习周边地区先进的水利工程建设办法、管护理念、运行制度。此外，工作人员还要自觉提高自身的理论和实践素养，武装自己的头脑，丰富自身的技能，为当地水利工程建设管理提供强有力的理论和技术支持。

（三）加大资金投入及融资渠道

基层政府要提前编制水利工程建设财政预案，进一步加大公共财政投入，为水利工程建设提供强有力的物质保障。积极开通多种融资渠道，加强资金整合，继续完善财政贴息、金融支持等各项政策，鼓励各种社会资金投入水利建设。制定合理的工程建设维修养护费标准，采取多种形式对水利工程进行管护，确保水利工程能持之有序地发挥水利效用。

（四）统筹兼顾搞好项目建设规划

规划具有重要的现实指导和发展引领作用，规划水平的高低决定着建设质量的好坏。因此，规划的编制要追求高水平、高标准，定位要准确，层次也要高。在水利工程规划编制过程中，既要与基层的总体规划有效衔接、统筹考虑，又要做出特色、打造出亮点。对短时间难以攻克的难题，要做长远规划，一步一步实施，一年一年推进，不能为了赶进度，就降低规划的质量。

（五）抓好工程质量监管，加快建设进度

质量是工程的生命，决定着工程效用的发挥程度。相关部门对每一项工程、每一个工段都要严格按照规范程序进行操作，需要建设招标和监理的要落实到位，从规划、设计到施工，每一个环节都要按照既定质量标准和要求实施。加快各个项目建设进度，速度必须服从质量，否则建设的只能是形象工程、政绩工程、豆腐渣工程。各责任部门要及早制定检查验收办法，严格把关，对于应该整

改和返工的要严格要求落实。

（六）健全监管体制

对建成的水利工程要力求做到“建、管、用”三位一体，管护并举，建立起一套良性循环的运行管理体制。完善工程质量监督体系，自上而下，齐抓共管，保证工程规划合理、建设透明、质量过硬，确保每个环节都经得起考验。此外，还要加大对水利工程破坏行为的打击力度，增加巡查频次，增添巡逻人员，制订巡查计划，确定巡查目标和任务，细化工作职责，防止各种人为破坏现象的发生。

（七）加大宣传力度，组织群众参与

加大宣传力度，采取悬挂横幅、宣传标语以及利用宣传车进行流动宣传等方式，大力宣传基层水利工程建设的新进展、新成效和新经验，使广大群众了解水法规、节水用水途径、水工程建设及管护等内容。此外，还可以尝试如利用网络、多媒体、微信等新平台做好宣传工作，广泛发动群众参与，积极营造全社会爱护水利工程的良好氛围。

（八）借力河长制湖长制共推管护工作

当前河长制湖长制开展迅猛，各项专项行动推进及时，清废、清“四乱”等行动有效促进了河湖及各类水利工程管护工作的开展。水利工程在河长制湖长制管理范围之列，是河湖管护的重要组成部分，水利工程管护工作开展得好坏，也在很大程度上影响着河长制湖长制的开展。利用好河长制湖长制发展的东风，是推进水利工程管护工作的良好契机。

第三节　水利工程建设监理现状分析

近年来，工程监理制度在我国水利建设中得到了全面推行，其在水利工程中的应用也起到了非常重要的作用，尤其是在工程质量、安全、投资控制等方面，取得了特别显著的效果。但是由于我国推行监理建设机制的时间还不长，在许多方面都处于刚刚起步阶段，还存在着一些不足之处。

一、水利工程监理工作的特点

水利工程监理，首先，它是公平和独立的。在水利工程建设阶段，当承包人与发包人之间存在利益冲突时，监理人员可以根据相关原则和操作规范，有效地调整不同利益相关者之间的关系。其次，实现了工程管理与工程技术的有机结合。一名合格的水利工程监理人员需要具备扎实的专业知识基础，以及良好的协调管理经验。

二、水利工程监理现状

（一）对于监理工作的认识不到位

目前，部分建设单位招投标后，大多是锚定施工。为了节约成本，按照招投标承诺，有效地设立了项目经理部，配备了相关人员，导致施工人员素质参差不齐，大部分施工质量不佳。有些单位对监理工作不够重视，不配合监理部门的监理工作。它认为监理工作是一项可有可无的工作，甚至有些建设单位把监理当作建筑工人，把质量检验工作和风险转嫁给监理。理解上的错误导致行动上的轻视。施工部门很少认真执行“三检”制度，质量缺陷（事故）经常发生，进度滞后，建设单位经常将其归咎于监督不力。特别是在小项目中，施工单位往往采用当地的做法来解决施工问题，忽视行业规范要求，监管成为不良后果的替罪羊。这些行为使监管部门不知所措。提高施工部门和施工单位对监理工作重要性的认识，对监理工作的顺利开展具有重要意义。

（二）监理体系不健全，监理制度不完善

部分工程监理单位管理体制不健全，管理程序不规范，管理职责不明确。缺乏完善的会议系统、检测系统、检测系统和监督员工工作评价体系。工程施工控制缺乏系统监督保障机制，监督内容不详细，监管目标不具体，监督人员分工不明确，具体操作不方便，导致了工程质量、进度和投资不能严格、有效地控制，这给工程建设管理带来了许多问题和困难。

（三）监理人员的素质参差不齐

众所周知，水利建设单位的监理人员必须通过考核并登记上岗。但是，从我国各单位监理人员的工作现状来看，很多持有监理证书的人员只是在企业登记中注册，并没有参与过监理工作。在中层，很多单位实际从事监理工作的人员大多没有通过考核，只是经过短期培训后才上岗，或者大部分是转岗的。例如，让设计师作为主管从事设计工作，缺乏相关监理工作经验，不熟悉施工质量控制要点，缺乏一定的监管经验和相关协调经验。

三、加强水利工程监理工作的相关策略

（一）提升水利工程监理有效性的措施

①各级主管部门应当加强对本辖区内水利工程建设监理单位的监督管理。对于违反规定或者存在安全隐患的工程，应当责令停止，并大力整顿监理作风，加大社会监督宣传力度，加深对监督的认识，以消除一些人对监督的误解。②建立监督部门“红名单”和“黑名单”制度。认真履行监督职责的部门进入“红名单”，给予一定的物质奖励和精神奖励，提高监督积极性；不认真履行监督职责导致严重的质量问题的监督单位和人员必须进入“黑名单”，并将其不良行为记录在案。如果有必要，他们应该受到一定的惩罚，从根本上遏制监管部门不负责的行为。③提高监理人员的专业素质。可以邀请专业人士讲解一些专业知识，提高监理人员的专业素质，同时结合监理过程中的一些实际案例，不断提高监理人员的工作技能。此外，将扩大高素质人才的招聘，提高监事的薪酬水平，使监事

部门有一定的财力招聘一些高素质人才；加强对监理人员的监督管理，做到认真、公正、廉洁。

（二）加强施工阶段监理控制的措施

水利工程具有高度的复杂性、综合性和系统性，施工环节和内容较多。为此，有关部门和人员必须做好施工阶段的监理工作。具体可以从以下几个方面着手：一是水利工程企业要结合工程的具体特点，制定健全可行的监督管理制度，严格执行各方面制度，严格惩处人员违纪行为。二是水利工程监理人员必须严格监督施工过程，确保每个施工人员都能按照施工标准进行施工。三是监理人员应在施工现场设置监控点，并将计算机电子设备引入监控点，对施工现场进行动态监测，及时发现问题，及时消除潜在的质量隐患。

（三）水利工程施工后期监理工作

水利建设后期的监理工作一般包括以下几个方面：一是监理人员必须定期组织工程验收工作。在实践中，必须严格遵守国家有关规定和标准。二是制定健全可行的维修管理计划，定期进行工程维修工作，确保项目寿命和成本的节约。三是水利工程监理人员还应根据实际情况对施工方案进行细化，并在不同阶段纳入不同的质量标准。

水利建设的过程中，只有建立健全监督工作制度、监督工作的改进系统、工程监理工作的标准化程序，充分发挥监督功能，做好“四控制、二管理、一协调”的工作，才能使水利工程的监理工作程序化和标准化，从而促进水利工程的健康运行和可持续发展。

第四节　水利工程建设环境保护与控制

在当今社会发展进步的过程中，我国建设的各项水利工程发挥了重要作用。尤其在水利运输与发电、农业灌溉与洪涝灾害等方面，我国水利工程建设更是发挥了巨大的作用。为了促进我国社会主义现代化经济的发展，我们对水利工程的作用的要求也进一步提高。但是在注重水利发展的同时，我们要更加注重保护生态环境，应充分考虑生态环境与水利发展之间的利弊关系，权衡两者之间可持续发展的可能性，因此我们需要寻求一种良好的机制来完善环境保护的措施，真正为我国水利工程的发展提供可持续的强有力的保障。

我国作为综合经济实力在世界排名靠前的大国，却也存在水资源贫乏的短处。而正是我国这些水利工程的建设，才使我国的水资源能够合理调配。与此同时，这些水利工程的建设使我们深深感受到了其所带来的益处，比如闻名于世的三峡大坝工程就给人们的交通运输、水力发电、农业灌溉以及防洪防涝带来了便利。充分合理地开发水利建设是符合我国的发展战略计划与基本国情的，但近年来的调查结果却显示，水利工程的建设会导致生态环境失去平衡，而且往往越大的工程给环境带来的影响越严重。

一、水利工程建设对生态环境造成的影响

在建设水利水电工程中都会对生态环境造成一定程度的破坏，调查表明主要有以下方面的影响。

（一）对河流生态环境造成影响

大多数的水利工程需要建设在江流湖泊河道上，而在建设水利工程之前，江河湖泊等都有着其平衡的生态环境。在江流河道上建造水利工程往往会导致河流原来的生态环境受到影响，长此以往，会严重破坏河流的生态环境导致河流局部形态的变化以及可能会影响到上游和下游的地质变化、水文变化，造成例如河

道泥沙淤积等问题。更有甚者，会造成水温的上升，从而对河中生物产生不利影响，造成河中生物的死亡或大量水草的蔓延。

（二）对陆生生态环境造成影响

建设水利工程之后不但会对水文、地质产生影响，也会对陆生生态环境造成不同程度的影响。因为在建设水利工程的过程中，周围土壤的挖掘、运输，包括水流的阻断对下游的灌溉以及周围陆生动植物的给水供给都会产生影响。经过长时间的给水不到位，就会造成生态环境链的断裂，即便是后续施工结束，也很难恢复到以前的生态环境。在注重施工过程中保护水文环境以及陆生生态环境的同时，还要注重施工过程中生产生活污水的处理排放对生态环境的影响。在施工过程中往往会造成植被破坏、动物迁徙以及动物在迁徙途中因为食物或水的缺失而死亡。这些问题都应该是我们所更加关注的。人与生态环境应该互相并存，因此，我们在施工中应该尽可能地减小施工对陆生生态环境的影响。

（三）对生活环境造成影响

一般情况下，在水利水电工程的建设过程中，施工场地都要大于建设用地。因此，往往要占用一些土地来为工程建设施工提供便利。在水利工程中，一般会对部分的沿岸居民以及可能会受到工程施工影响的居民提出安置迁徙的要求，这也是水利工程施工对人类生活环境造成最直观的影响后果。此外就是对沿岸耕地的影响，水利工程有可能将沿岸耕地的土质盐碱化或者直接变成沼泽地。与此同时，也可能对当地的气候产生影响，而且如果出现安置调配不合理的情况，还可能造成二次破坏的后果。

二、水利工程建设环境保护与控制的举措

水利工程的建设使我们深深感受到了其所带来的有益之处，但是，如果不能处理好水利工程建设与生态环境之间的关系，合理保护生态环境，那么水利工程就不能发挥正面影响。因此，合理建设水利工程，保护生态环境，控制环境污染的负面影响，我们可以从以下几个方面入手。

（一）建立环境友好型水利水电工程

环境友好型水利工程，即让水利工程与生态环境和平发展，让二者相互依存，相互影响，最终促进二者的良性发展。在这一环节，首先，要立足于现状，建立水利工程建设流域的综合规划体系。据相关报道，现阶段，我国水利水电建设正处于转型的重要阶段。因此，我们应该抓住机会，从实际情况出发，发挥水利工程建设的整体优势，促进环境和水利工程的统筹发展。其次，我们应该加强对江河领域周边环境的实地调研查看，调研内容主要包括：地形地势特点、水文环境信息以及周边所住居民情况。通过加强对江河流域的调研工作，建立江河流域生态保护系统，加大监督保护力度，让水能资源真正做到取之不尽，用之不竭。

（二）提高技术研究水平，突破现有的生态保护工作格局

据相关报道，在世界很多发达的欧美国家，过鱼技术的应用十分广泛，并且配套设施的设置也具有相当高的科技水平。但在我国水利工程建设中，科学技术的利用率远不及发达的欧美国家。因此，我们可以总结欧美国家在这一领域的经验教训，引进过鱼技术和相关配套设备，加强高科技的投入力度，在永久性拦河闸坝的建设工作中，通过利用该技术和相关配套设备，增加分层取水口的数量，从而保护周围环境的良性发展。除此之外，我国的分层取水技术仍处于落后地位，因此我们可以学习该技术发展完善成熟的国家，引进建立研究中心的施工模式，提高我国的分层取水技术的质量水平，最终促进我国水利工程建设向着环境友好型迈进。

（三）生态调度，补偿河流生态，缓解环境影响

我们在调整水利水电现在的运行方式的过程中也应该多向发达国家学习，通过他们的成功案件总结经验，结合我国现实情况，将工程的调度管理加入生态管理，同时应早日争取实现以修复河流自然流域为重点发展方向。在工程建设中应合理安排对生态环境的补偿，借鉴我国成功的水利工程建设经验，如：丹江口水利工程中，通过增加枯水期的下泄流量，解决了汉江下游的水体富营养化问题；太湖流域改变传统的闸坝模式，从而对太湖流域水质进行了改善，真正做到了对河流生态系统的补偿，缓解了水利工程建设给环境带来的负面影响。

（四）建设相关规程和保护体系，多途径恢复和保护生态环境

水利工程建设给周边环境造成的负面影响大多是不可逆的，因此我们应该针对问题出现的原因进行充分探究，并有针对性地进行综合治理。除此之外，我们还应该从实际出发，因地制宜。在这一环节，我们可以借鉴以往成功的水利工程建设案例，找到可以引用的经验。例如：可以通过人工培育的方法，降低水利工程给水生生物带来的负面影响；采用气垫式调压井，对工程流域的植物覆盖率进行有效保护；利用胶凝砂砾石坝，减少对当地稀有资源的使用；修建生物走廊，重建岸坡区域的植被覆盖；加强人工湿地的设置，等等。总而言之，对水利工程周边的环境进行保护和控制是多方面的，要树立综合治理的理念，改变传统的环境保护体系，加强技术的投入力度，针对建设区域的实地情况，建立环境保护规章制度和保护体系。

综上所述，在当今社会发展进步的过程中，我国建设的各项水利工程发挥出了重要作用。其中在水利运输与发电以及农业灌溉与洪涝灾害等方面充分体现了我国水利工程建设的强大。但在注重水利发展的同时，我们要更加注重保护生态环境，充分考虑到生态环境与水利发展利弊，权衡可持续发展的可能性。因此，我们需要寻求一种良好的机制完善的措施，为我国水利工程的发展提供可持续的强有力的保障。一般来说，水利工程建设对周边环境造成的负面影响大多是不可逆的，因此我们应该针对问题出现的原因进行充分探究，并有针对性地进行综合治理，改变传统的环境保护体系，加强技术的投入力度，针对建设区域的实地情况，真正为建立环境友好型的水利水电工程贡献力量。

第五节　水利工程建设中主体工程水土流失治理

在现阶段的水利工程建设中，如何更好地实现水土保持是工程管理中的一项重要内容，但是受到多方面因素的影响，施工单位在这一方面予以的各项管理明显不足，致使该项工作相对薄弱，同时也增加了水土流失的可能性，对于环境、

土地等方面的治理会产生诸多不利影响，其中主体工程水土保持与治理是较为重要的一部分。因此，从实际角度出发来对水利工程建设中主体工程水土流失治理进行详细了解，并提出针对性策略是十分重要的。

一、水利工程建设水土流失概述

（一）水土流失的特点

若是从工程的角度进行分析，现如今我国水利工程中，出现的水土流失情况主要具有以下两方面的特点：第一，点状工程水土流失。一般情况下，在水利工程建设的前期阶段，都是需要通过道路修改来保证工程交通可以畅通无阻，在这种情况下，就会出现土石方掉落、石头掉落等诸多情况，而沿岸的植被也会受到较大的影响，进而导致水土流失现象严重，且在施工过程中废料随意堆放，堆放的方式也会受到点状特征的影响，使得这些土地呈现出点状分布被逐渐破坏。第二，线性水土流失特点。在水利工程建设的过程中，线路众多且长，施工环节也相对复杂，这也就导致工程中水土流失的形式也会相对特殊，比如塌陷、滑坡等，更为严重的情况还会出现泥石流。除此之外，为了保证工程建设质量，在实际开展各项工作的过程中还会出现线性分支，这一分支会对土壤造成较大伤害，且就目前的工程情况来看，无法从根本上予以有效防治，尤其是在路面建设的过程中水土保持更是尤为困难。

（二）危害性分析

随着现如今我国经济的快速发展，如何保证各种能源应用的稳定性，已经成为推动社会发展的关键性因素。水利工程建设就是为了达到这一目的，然而这一工程却会为大自然增加一定的压力，造成较为严重的水土流失情况。目前，在我国水土流失的面积已经达到了42%，而水土流失的最主要诱因是受到水力侵蚀与风力侵蚀的影响。其导致的最为直接的后果，就是河流断流、水量减少，而山区丘陵沙漠化严重等，这些都是因水土流失所产生的危害。甚至有一部分地区降水有明显的减少，河道也出现了淤泥堆积严重的情况，生态环境遭受到严重破坏。

二、水利工程建设中主体工程水土流失治理的有效策略

基于上述分析，为了避免在水利工程建设过程中出现较为严重的水土流失情况，施工单位在今后就需要加强对主体工程水土流失治理工作的有效控制，结合实际情况来采取具体、针对性的措施，为工程顺利建成奠定基础。

（一）高度重视水土流失治理工作

现如今，水利工程建设过程中存在的水土流失问题，已经引起了施工单位相应的重视。为了实现人与自然的和谐相处，促进彼此之间的共同发展，就必须要从人类自身的行为方面做出改变，将生态保护工作作为一项基本的工作内容，贯彻到整个施工过程，同时保证施工的所有流程符合“绿色环保”这一时代主题。目前，针对水土流失问题最为有效的解决方式，就是实现水土保持，减少水土流失出现的可能性。一方面，施工单位的领导应予以这一项工作高度重视，将有关水土流失治理方面的相关内容，作为主体工程施工中一个重要部分，还应从实际角度出发，结合水利工程建设的实际情况来落实水土保持工作；另一方面，在进行施工的过程中应注意提高水体的渗透量，比如设置梯田、水库等方式方法，使得水利工程的蓄水能力可以有所提升。通过这种方式，来保证水土的可持续利用与发展，减少自然灾害发生的频率，实现对自然生态环境的有效保护，为水利工程建设质量的提升奠定基础，充分发挥其对生态环境所产生的积极作用。

（二）加强各环节施工防护

防护工作大致可以被划分为三个部分：第一，边坡防护。在施工过程中，边坡防护主要是为了充分保证工程高边坡的稳定性，其中还包括减载、压迫建设，而排水工程则是要利用锚索、锚杆等，来对一些岩质高的部分进行加固，从实际施工角度出发来设计一些防滑桩、挡土墙等，保证工程的顺利进行。第二，材料厂与堆土场的施工防护。在进行水利工程建设的过程中，会大量开采石料，用于工程建设，这也就会导致一些灾害事件的发生，而废料中所含有的散土成分，则会在水的冲刷下出现水土流失的情况。因此，在该项施工的过程中必须要修建挡土墙，对其加以保护，同时修建排水沟，减少水流对于废料的冲刷，从而减少水土流失的情况。第三，道路施工防护。目前大部分工程采用边坡排水沟的方式来

避免在道路施工中出现水土流失的情况，使得水可以在正确的引流下朝着合理方向行进，减少对工程的影响。

（三）实现对土地资源的合理利用与开发

目前，我国对于土地资源的开发与利用缺乏合理性，虽然可以在短时间之内获得一定的经济收益，但是却不利于长期的发展。因此，在今后的过程中，相关部门必须要从发展的角度来对土地资源的利用情况进行分析，在考虑到经济效益、社会效益的同时，还需要将生态效益纳入考虑范围，进而为其今后发展创造有利条件。在此基础上，施工单位也需要具有较强的水土保持意识，重视对土地资源的合理运用。

综上所述，水土流失问题不仅出现在自然环境中，同时也会受到人类活动方面的因素影响而产生。水利工程建设会在一定程度上影响到地区水系，而主体工程施工，也有可能增加水土流失程度。因此，在今后发展的过程中，施工单位必须要高度重视水土流失治理工作，加强各环节施工防护，实现对土地资源的合理利用与开发，借此来实现主体工程建设过程中的水土流失治理工作，为水利工程的顺利建成，以及当地生态环境的保护提供充足保障。

第二章　水利工程建设质量经济与环境研究

第一节　农村水利工程建设

在我国，目前大型水利工程管理主要集中在城市，在农村还是以小型水利工程建设为主。然而，在贯彻实施新型的农村水利工程管理措施的过程中，很多农村水利工程在建设中遇到了建设管理问题。因此，进一步做好农村水利工程管理工作十分重要。

一、农村水利工程的性质和特点

作为一项基础公共工程，农村水利与农村供电和农村道路工程一样，对改善农民生产生活起着非常重要的作用。农村水利工程为人们的生产生活提供了基本的用水，同时对抗御自然灾害有着重要的现实意义，是促进农业增产增收的物质保障条件。

首先，水利是农业发展的命脉，是农业生产和发展的重要基础，对农业生产、农民生活水平提高有着重要意义，须予以高度重视。与其他农村建设相比，农村水利工程具有投资大、见效慢、经济效益不直接等特点，往往容易被农民所忽视。事实上，农村水利工程的建设状况直接决定着和影响着农民的经济收入。水利工程建设涉及多个领域，是一项相对复杂的工作。农村小型水利工程的建设要在基层政府的组织领导之下，充分调动群众的积极性，既要尊重自然规律又要符合经济发展规律，多个领域相互协调，共同发展。其次，农田水利工程公益性较强，需要政府扶持。农田水利工程的作用除基本的灌溉提供生产生活用水外，还对防洪除涝有着重要作用，满足花卉蔬菜果园养殖等高附加值产业的需求，同时承担着大田作物灌溉的重要任务。最后，公共工程并不以盈利为目的，在政府的宏观调控下，具有一定的垄断性。我国法律明确规定了，河流湖泊属集体所有和国家所有，作为一种公共资源，所有居民对水资源享有平等的使用权，公用水源的公有性决定了农田水利工程设施不应由私人垄断，农村水利的建设与管理需要在政府的规划与计划指导下有序进行。

正是由于水利工程的这些特点，农村小型水利工程的建设在资金投入方面存在很大的问题。

二、资金投入方面的问题

（一）当前农田水利设施投入严重不足

首先，实行农村税费改革后，原来主要用于村内农田水利设施建设的村堤已不复存在，加剧了小型农田水利设施建设投入的矛盾，这也是各地反映最强烈的问题。其次，实行家庭联产承包责任制后，农民普遍存在“公家的水、自家的地”的心理，加上农业效益比较低和农村青壮年劳力外出打工等因素，在水利设施方面的劳动力投入削减。由于政府人力资源配置不尽合理，因此水利方面技术人员严重短缺，技术水平相对比较弱，这也是资金和资源投入不合理所导致的。

（二）工程管理、养护经费没有落实

小型农田水利设施一般属镇、村或村民小组所有，由于全市农田水利工程多在山区县，经济不发达，镇村级经济困难，且工程水费记收困难，镇、村须投入的管理、养护经费基本没有落实，致使小型农田水利设施无管理经费，无专职管理人员，轻管甚至完全失管的现象普遍存在。这导致农村水利工程管理粗放，有的灌区支渠以下用水混乱，跑、冒、渗漏较为严重，致使水利工程老化失修，毁损严重。在其后的维修期间，所需要的经费会大幅度增大，进而导致水利设施资金投入不足的恶性循环。

（三）吸引社会资本投入难度大

水利建设吸收社会资本能力差，主要原因有三个方面：第一，现行水价低于供水成本，水费记收困难，绝大部分水利建设的经济效益微弱；第二，服务的主要对象是农业，不仅效益比较差，而且风险高，投资回报少；第三，很多灌溉排水工程受益范围大，受益主体多，投资规模大，建设用地协调难。

（四）解决资金供需矛盾难度大

由于水利投入的结构性缺陷，因此解决水利建设的资金矛盾突出。第一，引导农民投入异常艰难。过去主要靠基层政府用行政手段组织动员，现在由于农村的文化水平相对低下，村民对水利设施工程的建设认识不到位，导致动员农民投资投劳非常困难。第二，地方财力拮据。长期以来，国家对水利基础设施建设的投入严重不足，主要依靠农民出钱出力出人兴办。税费改革后，镇村两级财政收入锐减，只能勉强应付工资及沉重的负债支出，已无力搞好水利设施建设，加上县级财力有限，对镇村转移支付力度不够，因此地方也无力投入农田水利设施建设。第三，由于农业灌溉水费标准低且收缴困难，农民对水费承受能力低等因素，水管单位要保证工程日常维护、正常运行有较大困难。因此，在现行管理体制和地方财力状况下，完全靠地方解决农田水利设施的建设和管理投入问题难度较大。

三、农村水利工程建设资金的对策及建议

（一）完善农田水利基本建设资金投入机制

农田水利工程建设具有很强的公益性，政府应该是建设的主体，受益群众是积极参与者。政府应承担起重任，加大公共财政的投入力度，努力改善农村、农业的基础条件。

（二）建立激励机制

实行奖补结合办法。改变过去省级资金按工程总额的比例补助形式，将省级资金主要补助在工程所需的材料费用上，而工程所需要的人力资源等，则由工程所属的区、镇、村负责组织发动；建立农田水利基本建设激励和竞争性机制，把

农田水利建设的好坏作为下一年度省级资金安排的重要依据，以奖励先进、鞭策后进，促进农田水利基本建设工作健康发展，充分调动和激发各地开展农田水利基本建设的积极性。

总之，农村水利工程建设关系到农村生产和发展的重要举措，必须从管理、技术提高、人才引进等各方面进行加强，严把质量安全关口，加强政府的引导、调控和监管机构的监管力度，完善人民监督体制，科学高效地对其进行管理，才能逐步加强我国农村小型水利工程建设，使其发展得越来越好。

第二节　水利工程建设对城市环境的影响

水利工程建设历来受到国家重视，其可以有效地促进经济增长，对人们的生产生活有着不可或缺的影响，而城市和水利工程又有着十分密切的关系，一些水利工程的建设对城市环境问题确实产生了非常明显的影响，一个是对环境保护和模式的影响，一个是对环境本身的影响。本节主要从其对城市环境影响的负面角度去思考。因为这样可以更好地根据其产生的负面效应而采取更为针对性的措施，以减少其对城市环境的破坏，并最大化发挥水利工程的效应。

一、水利发展要求

水利工程建设是促进经济社会发展的重要项目，而河流也是人类文明延续的基石，在河流中进行相关的水利建设，从本质上来说是对自然生态的改变，所以水利工程的建设对城市环境有着非常明显的影响。但是为了适应和践行可持续发展思想，就应该对城市水利的水资源进行综合性开发和利用，因为这种综合开发利用的是最公平的方式，也可以在不损坏生态系统可持续发展的基础上促进水、土、电、能等相关资源的协调开发与管理，让经济效益和社会效益发挥到最大。

（一）水利对城市环境影响的内涵

城市和农村不一样，农村更多地来说是直接和自然融为一体的，而城市是现代工业文明的结晶，是人改造自然的产物，其本身就是对自然环境结构的一种改变。水利工程的建设对城市环境的影响主要指的是：城市与包括水资源在内的自然生态环境系统的关系的一种总称。从技术层面看，其内容则包括了水利工程对城市地理环境、内河水文、城市防洪、城镇排涝、内部供水、城市水污染防治、水土保持、水系环境、城郊环境治理等各种由水利带来的环境问题；而从另一个非技术层面来说，水利建设对城市环境的影响则体现在对城市水资源开发与利用、水利政策法规系、城市水系文化、水利旅游、水利经济等影响。当然，分析水利工程建设对城市环境的影响应该重点从技术层面去看。

（二）水利工程建设对城市环境影响的体现

1.城市空间环境

城市空间环境是从城市环境的表面看的，如我们平时所说的市容市貌和城市空间布局环境等，如果水利工程兴建在离城市不远的地方，那么其城市流域附近的褐土地或者城市内部的动物栖息地与植物生长地往往就会受到影响；而城市市面上的一些沿岸工厂、货物仓库、废弃物垃圾场、铁轨公路交通等都可能多少受到一些来自水库区的负面效应干扰，如城市河流的河堤和河床往往会因为水利工程建设而被水泥所填实。

2.内部环境

城市内部环境是潜在的环境问题，如城市的空气、降水、气候、气温、生态经济以及河流自身的环境修复能力等方面，水利工程的修建其实也会对城市环境利益造成影响，在带来一些利好的东西的同时，更多的是带来了挑战。

二、对城市内部环境保护构成挑战

随着我国经济社会的发展，资源和环境的问题也日益突出，城市的环境保护本身就面临着多种压力和挑战，而如果加上水利工程的影响，那么就会对我国城市环境的保护造成更大的压力。由于目前我国的水利设施还不是很完善，没有形成比较系统的水利建设与环境保护的模型，水利设施的建设、运行和管理等诸多方面还存在很多不足，这些不足使得城市环境面临着水资源短缺、水环境恶化、洪涝威胁等巨大挑战。

就具体反映来说，一是水利工程建设提升了城市防洪标准。在目前我国的近700座城市中，兼具有防洪任务的城市约600座以上，而80%的城市防洪标准都比较低，在对洪水体量估测、防洪除暴河道以及技术分流等多方面缺乏相对应的参考标准。二是让城市缺水问题更为突出。要知道，水利工程建设可以对气候气温形成影响，改变局部大气内部循环模式，这样一来，城市热岛效应就会更加地明显，气温升高，而降水减少的现象也会更为严重。三是城市水污染问题会日益严重。水利工程的建设不仅仅会让城市河道拥有更多的化学物理等方面的杂质，还会弱化其水资源循环净化系统。因为水库堤坝的修建让上游或者下游的正常水流受到控制，没有了正常水流和持续注入，河域流水对污染物细胞的分化能力就会下降，从而不能有效地净化那些受到污染的水体，这就会造成河段水质污染超标。

三、造成内外部环境问题

（一）对城市生物系统造成破坏

其实，对水利工程建设的影响不能只看到好的方面，虽然其可以在城市发电、城市防洪、城镇郊区农田灌溉等方面起到比较积极的作用，但是在整个水利工程建设和发展的过程中，也让很多森林草地被淹没，这就会对生物多样性构成破坏。生物多样性往往被定义为对所有生物生存发展与变异的生态系统的总称。水利工程的过快发展，会让很多自然栖息地遭到破坏，这是一个我们不得不思考和重视的问题。水利工程建设对河流生态环境的负面影响在于，工程的修建往往需要在天然河道进行堤坝和积水，而这样做所产生的直接结果就是会破坏自然河流长期以来形成和演化的生态环境，让河流变得均一化和非连续化，进而逐步改变流域内生态的多样性。

（二）改变城市气候

城市气候和水利工程措施有着密不可分的关系，在堤坝水库进行蓄水后，其库区内的水面就自然会增加，进而对库周的局部气候形成影响。其影响主要体现在对风速、湿度、降水、气温等要素的改变。要知道，如果城市离水利工程堤坝并不是很远，那么水利设施所形成的人工水域就可改变城市局部地区的小气候，让城市变得更加多雾多降雨，当然有的时候也会造成干旱现象。一般来说，在形成一定面积的水库后，附近的气温变幅就会减小，城市附近的生态平衡就会发生明显的破坏。

（三）影响城市水质

城市用水多来自河流，而水利水电工程的建设往往会对河流水质环境产生不利的影响，因为水利工程的建设会让局部河流的水速减小。这一方面可以降低水气界面交换的速率，让污染物的扩散速度变慢，导致水质自我净化功能的丧失；另一方面会让沉降作用更为明显，使得水体重金属的沉降速度加快，故而导致城市出现比较严重的金属污染问题，并最终造成一些生物性或者非生物性的疾病现象。

四、对城市环境管理提出新要求

我们在进行相关的水利工程建设时，应该留出一部分的资金将其用作城市环境的治理和相关方面的生态修复，这样可以更好地改善当地城市环境现状，促进经济与生态的平衡发展。当然这也对环境保护和管理提出了更多更高的要求，需要相关部门高度重视。

水利工程的建设从总体上来说是利国利民的，可以减少自然灾害的发生，避免洪水等对城市生产生活的严重影响，并满足城市人口的用电、用水需要，促进城市产业发展，但是其确实也可以对城市环境造成非常多的负面效应，而分析和研究这些问题是我们解决这些问题的前提。从目前来看，水利工程的建设对城市环境的影响主要表现在对生态系统构成的压力挑战和对具体环境的破坏以及对城市环境管理的革新等几个方面。为此，我们需要采取一些有力措施来解决这些问题，让水利工程更好地造福人类。

第三节 水利工程建设质量监督

水利工程是国家基础设施，兴修水利，功在当代，利在千秋。工程质量是工程建设管理的核心。本节对水利工程开工前、建设中、竣工后质量监督管理进行了由浅入深的探讨，以确保水利工程建设质量进一步提高。

水利工程建设质量监督是水利工程建设管理的重要组成部分，实行“项目法人负责，监理单位控制，设计和施工单位保证，政府监督相结合”的质量管理体系。

一、工程开工前的监督管理

（一）对有关设计、勘察文件审查的监督管理

目前水利工程建设质量监督的介入项目建设多是在开工后，还未涉及设计阶段，但应延伸到该阶段，以监督设计过程对有关规范规程强制性条文的执行情况。

对设计、勘察单位质量行为、结果的监督，重点在对设计、勘察文件的审查监督上。一旦发现违反有关法律、法规和强制性标准的设计和勘察文件，可用直接经济处罚和法律制裁，使直接责任主体承担由其失误疏忽或有意造成的质量责任。通过对设计、勘察单位的监督管理和依法处罚，并将其不良行为记录在案，纳入责任主体和责任人的信用档案，形成信用约束力，促使建设主体改进质量管理保证体系，有效促进质量体系良性运作，规范所有主体各个层次、各个环节的质量行为，严格内部质量管理制度和质量检查控制，实现设计和勘察文件的质量满足有关法律、法规和强制性标准的要求。

（二）对招投标活动的监督管理

影响水利工程建设质量的因素主要有两方面：一是人为因素，主要包括参建

各方的资质等级等条件、质量管理体系和建设行为等；二是客观因素，主要包括工程材料、构配件等中间产品和投入使用的施工机械设备。因此，质量监督要对工程招投标活动进行重点监督。

对招投标活动监督管理重点是施工招投标的监督，实现市场监督与质量监督有效结合，通过质量监督审查促进市场竞争规范化和良性运转，通过市场有效运作，保证质量监督有效性。

（三）对合同文本的监督

对合同文本的监督重点是施工合同的监督，把质量管理的规范化落实到合同条款中，以合同的法律效力约束各建设主体的质量行为和活动结果。

通过对这三方面的内容进行审查监督，实现政府对水利工程质量实施过程预控监督。施工前质量监督管理重点事实是对业主质量行为监督管理，因为业主是所有这些活动的组织者、决策者，这也是规范建设业主质量行为和活动结果的重要措施。

二、工程建设中的监督管理

施工中质量监督管理应围绕关键部位现场监督，开展事前、事中和事后巡回闭环监督管理，关键部分是对隐蔽工程（地基基础）、主体结构工程质量和环境质量的管理。在对工程质量进行监督检查中，重点是隐蔽工程（地基基础）、主体结构等影响结构安全的主部位。

现场实体质量检查方式应采用科学的监测仪器和设备，提供准确可靠、有说服力的数据，增强政府工程质量监督检查的科学性和权威性。通过监督抽查，保证强制性标准的贯彻执行，保证法律、法规和规范的落实，从宏观整体上把握水利工程建设质量和结构使用安全。质量监督管理还应利用IT技术、信息技术和网络技术作为现代化管理重要手段。质量监督站管理信息化、网络化是实现工程质量档案网络管理、实现工程质量资源管理共享的前提条件，是提高监督管理水平的管理效能的重要保证，也是管理方法科学化的重要标志。

加强程序管理，同时必须加强技术控制。对此采用评价标准方法较好。评价标准的方法有这几点：一是对施工现场质量保证条件的检查评价，二是对工程竣工检测结果的检查评价，三是对现场质量保证资料的检查评价，四是对工程实体的尺寸偏差实测，五是对完工后工程实体的宏观观感检查评价。监督检查对象还包括监理单位、建设单位（业主）等参与工程建设的各行为主体。质量监督机构应站在执法角度，通过加强对参与水利工程建设各行为主体质量行为的监督，查处各行为责任者违规行为，增强各行为主体的自律能力，提高行业整体素质，保证工程质量。

施工过程中监督管理是以施工主体为主线，业主、监理、设计、材料、设备生产或供应主体及检测主体的协作配合的全面、全过程的监督管理，以现场隐蔽工程质量验收监督、主体结构验收监督和随机抽查监督为主要形式，把各方主体质量行为和活动结果纳入监督范畴。环境质量的监督渗透于各监督全过程，也是质量监督的重要组成部分。

通过施工中的监督，保证各主体质量行为规范，质量活动结果有效，国家和公众质量利益通过实体有效操作得以全面实现，保证施工过程中质量在受控状态，确保施工阶段水利工程质量。

三、工程竣工后的监督管理

竣工后的质量监督管理是水利工程投入使用的把关监督管理。水利工程质量监督应延伸到项目保修阶段。

水利工程建设质量监督首先要保证不符合质量标准要求的水利工程不能投入使用，避免低劣工程对国家和公共使用者造成直接危害和影响。其次是把维修、维护质量监督纳入水利工程全寿命质量监督管理范畴：一是杜绝或减少由维修和维护过程中的违规行为造成对已有水利工程地基基础、主体结构和环境质量的破坏，引发质量事故；二是避免由于维修、维护的质量达不到要求，给国家和公众用户的生产生活环境造成直接损失。

工程竣工后的监督应着重把好两关：一是严格对其竣工验收备案的审查、监督，确保备案登记的可靠性、权威性和有效性；二是加强对维修、维护过程中的质量监督管理，使水利工程全寿命期内的质量目标有效实现，为用户创造安全、舒适、健康的生产、生活环境，使水利工程质量实现可持续发展。大力提倡和推行工程质量保险，将工程质量管理纳入经济管理范畴，以解决工程交付使用后发生质量问题管理单位找不到责任方的后顾之忧。

水利工程建设质量监督机构应针对工程质量的事前控制、过程控制、事后控制三大环节，在做好过程监督和工程违规行为的严肃查处的同时，加强工程质量事前监督，提高监督工作的预见性、服务性。当工程质量出现下降趋势或工程施工到难点部位、易出现质量通病的部位时，监督人员应及时到现场提示和指导，以此扭转滞后监督、被动应对的局面。

第四节 水利工程建设征地移民安置规划

在目前看来，很多地区都着眼于建成规模较大的水利工程，因而将会涉及移民安置以及征地的难题。从本质上讲，水利工程本身带有公益性特征，那么针对现阶段的水利项目建设有必要妥善规划移民安置。各地如果能运用适当举措来进行全方位的征地移民安置，则有助避免尖锐的工程征地矛盾，并且还能保证实现顺利的水利项目建设。在此前提下，各地在现阶段尤其需要做好综合性的水利建设征地移民安置，同时也要紧密结合当地的水利建设现状来拟订移民安置与工程征地的基本规划。

水利工程建设若要得以顺利推进，不能缺少征地环节。但是实质上，各地在开展移民安置与征地过程中通常都会引发多种冲突与矛盾。探究其中的根源，应当在于当前仍有较多的项目业主并未能真正关注移民安置，而仅限于关注建设水利工程可得的效益与利润。并且，工程设计方如果没能达到科学性较强的项目征地设计，则也会阻碍当地移民安置的顺利进行。因此，可以得知，水利工程建设牵涉较为复杂的征地移民安置以及其他工程问题，有必要引起相关部门的更多关注。

一、水利工程建设中的征地移民安置难题

（一）忽视基础性的征地移民安置问题

近些年来，较多地区由于忽视了征地移民安置，引发了水利工程业主以及当地民众之间的较多冲突。相比于市场化的其他工程类型来讲，水利工程本身带有

明显的公益性。与此同时，地方政府的基本职责就在于辅助完成全方位的水利建设与水利开发。但是长期以来，水利工程的很多业主或者当地有关部门都欠缺必要的安置移民意识。各地由于忽视了移民安置，埋下了深层次的矛盾与隐患，以至于阻碍了顺利推行现阶段的水利项目建设。

（二）无法保障水利建设质量

很多水利工程都设有紧迫的施工期限与较短的工程设计周期，在此前提下，各地通常都很难全面保障应有的水利建设质量。具体而言，由于受到紧迫工期给整个水利建设带来的显著影响，水利工程业主需要在一年或者更短的时间段内完成初期性的项目设计、可行性研究与拟定项目建议规划等相关操作。经过审核以后，项目建议书如果没能达到应有的工程设计效果，还须予以反复纠正。为此，目前仍有较多的水利工程建设表现为赶超工期情形，水利工程业主也无暇顾及征地移民安置。当前关于拟订整体性的水利建设规划通常都无法涵盖全方位的移民安置规划，同时也很难做到全方位的工程设计把关与移民安置协调。

二、做好全方位的征地移民安置规划

从本质上讲，征地移民安置的举措应当被纳入水利建设的整个进程中。但是在目前看来，各地在开展水利建设时并没能达到最佳的移民安置效果。究其根源，应当在于有关部门及其负责人员本身欠缺必要的移民安置意识，对于水利建设效益给予了过多的关注。未来在征地移民安置的具体实践中，核心举措仍然应当在于拟订移民安置的总体规划，其中涵盖了如下的移民安置规划要点。

（一）全面转变目前关于征地移民安置的思路与认识

对于征地移民安置如果要保证其达到最佳的效果，那么必须依赖于全方位的认识与思路转型。因此，在目前实践中，各地的水务部门以及水利工程业主都要转变自身的认识，并且确保能真正意识到征地移民安置具备的重要意义。水利工程业主应当认真倾听当地民众对于推行当地水利建设的见解与意见，然后确保将上述意见全面纳入当前的工程建设规划。唯有如此，水利工程建设才能确保优良的工程实效性，并且消除潜藏性的征地移民矛盾。

例如，水利工程业主在拟订关乎移民征地的详尽规划以前，首先应当做好综合性的前期调研。通过施行全方位的可行性论证，水利工程业主即可给出适合于当地目前真实状况的征地移民具体规划。与此同时，地方政府、工程设计单位、项目业主与其他各方主体都要着眼于紧密进行配合，确保能够做到综合性的利益协调，而不至于伤害到当地民众的权益。

（二）有序落实基础性的移民安置规划

征地移民安置的相关规划涵盖了较多的要素，并且表现为内容繁杂的特征。同时，各地若要做好综合性的征地移民安置，还应当注重协调各方权益与各方利益。在此过程中，各个部门有必要做到紧密协作与配合，如此才能创建必要的联动机制，进而达到较强的水利建设规划合力。

具体在实践中，对于基础性的移民规划工作有必要做好全面验收，并且做到优化匹配项目资金、统筹考虑项目建设以及优化调配资源的各项基础工作。水利工程征地移民工程的咨询行业人员，应当耐心解答当地居民的疑惑，确保达到成功落实当地移民安置的目的。

设计与制定的移民安置方案是否能达到应有的方案合理性，直接关乎当地民众的利益与当地社会和谐。基础性的工程移民安置规划应当格外关注制订移民方案与调查各项实物指标。具体针对调查实物指标的相关操作来讲，地方职能部门、工程项目业主以及工程设计单位，需要做到彼此之间的紧密配合，从而保证获得可靠与精确的项目调研结论。与此同时，关于拟订总体的移民安置方案也要妥善避免矛盾与冲突的出现，尤其需要全面防控群体性的移民上访事件。

（三）注重前期开展的征地移民管理

征地移民安置包含了较为烦琐的前期流程，因此有必要注重开展前期性的征地与移民管理。具体而言，各地在调查实物指标以及确定安置移民的基本方案时，都要将上述举措建立于科学结论与科学数据的前提下。并且，当前开展的综合性的征地移民安置也要紧密结合现有的法规与政策，从而将移民安置的各项行为都纳入法规约束的视角下。各地关于当前的水利建设只有做到了上述转变，才能从源头入手来切实保障当地移民的权益。

此外，关于前期性的规划与统筹工作也要予以更多重视。水利工程业主有必要积极配合当地水利部门，做好全方位的实物审批以及其他有关工作。依照现行的实物指标调查规定，各个相关方都要明确自身具备的调查职责所在。并且，关于当前存在的真实移民问题也要着眼于妥善处理矛盾，争取最佳的移民安置效果。

经过分析可见，水利工程建设是否能达到顺利进行的程度，在根本上取决于工程移民安置。进入新时期后，很多地区都着眼于关注征地移民安置，并且对此拟订了相应的移民安置规划。然而不应当忽视，当前关于建设水利项目仍然很易引发较为尖锐的征地移民安置矛盾。因此，在该领域实践中，水利工程业主以及当地有关部门仍然需要做到紧密配合，通过施行相应的移民征地安置举措来落实当前的水利建设目标，从而实现水利工程整体建设效益的提升。

第三章　水利工程建设项目管理

第一节　水利工程建设项目管理初探

随着我国建筑业管理体制改革的不断深化，以工程项目管理为核心的水利水电施工企业的经营管理体制也发生了很大的变化。这就要求企业必须对施工项目进行规范的、科学的管理，特别是加强对工程质量、进度、成本、安全的管理控制。

一、水利工程建设项目的施工特性

我国实行项目经理资质认证制度以来，以工程项目管理为核心的生产经营管理体制，已在施工企业中基本形成。

水利工程施工具有以下特性：

（1）水利工程施工经常是在河流上进行，受地形、地质、水文、气象等自然条件的影响很大。施工导流、围堰填筑和基坑排水是施工进度的主要影响因素。

（2）水利工程多处于交通不便的偏远山谷地区，远离后方基地，建筑材料的采购运输、机械设备的进出场费用高，价格波动大。

（3）水利工程量大，技术工种多，施工强度高，环境干扰严重，需要反复比较、论证和优选施工方案，才能保证施工质量。

（4）在水利工程施工过程中，石方爆破、隧洞开挖及水上、水下和高空作业多，必须十分重视施工安全。

水利工程施工的特性对项目管理提出了更高的要求。企业必须培养和选派高素质的项目经理，组建技术和管理实力强的项目部，优化施工方案，严格控制成本，才能顺利完成工程施工任务，实现项目管理的各项目标。

二、水利工程建设项目的管理内容

（一）质量管理

1.人的因素

一个施工项目质量的好坏与人有着直接的关系，因为人是直接参与施工的组织者和操作者。施工项目中标后，施工企业要通过竞聘上岗来选择年富力强、施工经验丰富的项目经理，然后由项目经理根据工程特点、规模组建项目经理部，代表企业负责该工程项目的全面管理。项目经理是项目的最高组织者和领导者，是第一责任人。

2.材料因素

材料质量直接影响到工程质量和建筑产品的寿命。因此，要根据施工承包合同、施工图纸和施工规范的要求，制订详细的材料采购计划，健全材料采购、使用制度。要选择信誉高、规模大、抗风险能力强的物资公司作为主要建筑材料的供应方，并与之签订物资采购合同，明确材料的规格、数量、价格和供货期限，明确双方的职责和处罚措施。材料进场后，应及时通知业主或监理对所有的进场材料进行必要的检查和试验，对不符合要求的材料或产品予以退货或降级使用，并做好材料进货台账记录。对入库产品应做出明显标志，标志牌应注明产品规格、型号、数量、产地、入库时间和拟用工程部位。对影响工程质量的主要材料（如钢筋、水泥等），要做好材质的跟踪调查记录，避免混入不合格的材料，以确保工程质量。

3.机械因素

随着建筑施工技术的发展，建筑专业化、机械化水平越来越高，机械的种类、型号越来越多，因此要根据工程的工艺特点和技术要求，合理配置、正确管理和使用机械设备，确保机械设备处于良好的状态。要实行持证上岗操作制度，建立机械设备的档案制度和台账记录，实行机械定期维修保养制度，提高设备运转的可靠性和安全性，降低消耗，提高机械使用效率，延长机械寿命，保证工程质量。

4.技术措施

施工技术水平是企业实力的重要标志。采用先进的施工技术，对于加快施工进度、提高工程质量和降低工程造价都是有利的。因此，要认真研究工程项目的工艺特点和技术要求，仔细审查施工图纸，严格按照施工图纸编制施工技术方案。项目部技术人员要向各个施工班组和各个作业层进行技术交底，做到层层交底、层层了解、层层掌握。在工程施工中，还要大胆采用新工艺、新技术和新材料。

5.环境因素

环境因素对工程质量的影响具有复杂和多变的特点。例如，春季和夏季的暴雨、冬季的大雪和冰冻，都直接影响着工程的进度和质量，特别是对室外作业的大型土方、混凝土浇筑、基坑处理工程的影响更大。因此，项目部要注意与当地气象部门保持联系，及时收听、收看天气预报，收集有关的水文气象资料，了解当地多年来的汛情，采取有效的预防措施，以保证施工的顺利进行。

（二）进度管理

进度管理是指按照施工合同确定的项目开工、竣工日期和分部分项工程实际进度目标制订的施工进度计划，按计划目标控制工程施工进度。在实施过程中，项目部既要编制总进度计划，还要编制年度、季度、月、旬、周计划，并报监理批准。目前，工程进度计划一般采用横道图或网络图来表示，并将其张贴在项目部的墙上。工程技术人员按照工程总进度计划，制订劳动力、材料、机械设备、资金使用计划，同时还要做好各工序的施工进度记录，编制施工进度统计表，并与总的进度计划进行比较，以平衡和优化进度计划，保证主体工程均衡进展，减少施工高峰的交叉，最优化地使用人力、物力、财力，提高综合效益和工程质量。若发现某道主体工程的工期滞后，应认真分析原因并采取一定的措施，如通过抢工、改进技术方案、提高机械化作业程度等来调整工程进度，以确保工程总进度。

（三）成本管理

施工项目成本控制是施工项目工作质量的综合反映。成本管理的好坏，直接关系到企业的经济效益。成本管理的直接表现为劳动效率、材料消耗、故障成本等，这些在相应的施工要素或其他的目标管理中均有所表现。成本管理是项目管理的焦点。项目经理部在成本管理方面，应从施工准备阶段开始，以控制成本、降低费用为重点，认真研究施工组织设计，优化施工方案，通过技术经济比较，选择技术上可行、经济上合理的施工方案。同时根据成本目标编制成本计划，并分解落实到各成本控制单元，降低固定成本，减小或消灭非生产性损失，提高生产效率。从费用构成的方面考虑，首先要降低材料费用，因为材料费用是建筑产品费用的最大组成部分，一般占到总费用的60%～70%，加强材料管理是项目取得经济效益的重要途径之一。

（四）安全管理

安全生产是企业管理的一项基本原则，与企业的信誉和效益紧密相连。因此，要成立安全生产领导小组，由项目经理任组长、专职安全员任副组长，并明确各职能部门安全生产责任人，层层签订安全生产责任状，制订安全生产奖罚制度，由项目部专职安全员定期或不定期地对各生产小组进行检查、考核，其结果在项目部张榜公布。同时要加强职工的安全教育，提高职工的安全意识和自我保护意识。

三、水利工程建设项目管理的注意事项

（一）提高施工管理人员的业务素质和管理水平

施工管理工作具有专业交叉渗透、覆盖面宽的特点，项目经理和施工现场的主要管理人员应做到一专多能，不仅要有一定的理论知识和专业技术水平，还要有比较广博的知识面和比较丰富的工程实践经验，更需要具备法律、经济、工程建设管理和行政管理的知识和经验。

（二）牢固树立服务意识，协调处理各方关系

项目经理必须清醒地认识到，工程施工也属于服务行业，自己的一切行为都要控制在合同规定的范围内；要正确地处理与项目法人（业主）、监理公司、设计单位及当地质检站的关系，以便在施工过程中顺利地开展工作，互相支持、互

相监督，维护各方的合法权益。

（三）严格执行合同

按照“以法律为准绳，以合同为核心”的原则，运用合同手段，规范施工程序，明确当事人各方的责任、权利、义务，调解纠纷，保证工程施工项目的圆满完成。

（四）严把质量关

既要按设计文件执行施工合同，又要根据专业知识和现场施工经验，对设计文件中的不合理之处提出意见，以供设计单位进行设计修改。拟订阶段进度计划并在实施中检查监督，做到以工程质量求施工进度，以工程进度求投资效益。依据批准的概算投资文件及施工详图，对工程总投资进行分解，对各阶段的施工方案、材料设备、资金使用及结算等提出意见，努力节约投资。

（五）加强自身品德修养，调动积极因素

现场施工管理人员特别是项目经理，必须忠于职守、认真负责、爱岗敬业、吃苦耐劳、廉洁奉公，并维护各方应有的权益。通过推行“目标管理，绩效考核”，调动一切积极因素，充分发挥每个项目参与者的作用，做到人人参与管理、个个分享管理带来的实惠，才能保证工程质量和进度。

水利工程建设项目管理是一项复杂的工作，项目经理除了要加强工程施工管理及有关知识的学习外，还要加强自身修养，严格按规定办事，善于协调各方面的关系，保证各项措施真正得到落实。在市场经济不断发展的今天，施工单位只有不断提高管理水平，增强自身实力，提高服务质量，才能不断拓展市场，在竞争中立于不败之地。因此，建设一支技术全面、精通管理、运作规范的专业化施工队伍，既是时代的要求，更是一种责任。

第二节　水利工程建设项目管理方法

水利工程管理是保证水利工程正常运行的关键环节，这不仅需要每个水利职工从意识上重视水利工程管理工作，更要促进水利工程管理水平的提高。本节对水利工程管理方法进行探讨研究。

一、明确水利工程的重大意义

水利工程是保障经济增长、社会稳定发展、国家食物安全度稳定提高的重要途径，是我们能够有效地遏制生态环境急剧恶化的局面，实现人口、资源、环境与经济、社会的可持续利用与协调发展的重要保障。特别是水利工程的管理涉及社会安全、经济安全、食物安全、生态与环境安全等方面，在思想上务必要予以足够的重视。

二、水利工程建设项目存在的问题

（一）管理执行力度不够

我国的水利工程建设项目管理普遍存在执行力度不够，不能很好地按照法律规定进行规范的管理工作，在实际工程项目管理中，项目管理人员对施工现场控制力不足，导致产生各种各样工程问题；没有相对应的管理人员对机械设备进行操作管理，导致工作人员对机械设备操作不当，产生失误，造成资源损失；缺乏对机械设备维护管理，在材料采购过程中监管力度不足，使得一些不合格材料进入施工工程；存在偷工减料现象，造成水利工程出现质量问题，对工程质量控制不力。

（二）管理体制不完善

水利工程建设项目管理体制不完善，在各方面管理制度建立不健全。例如，在招标过程中，不能严格遵守公平原则进行招标，存在暗箱操作现象，导致一些优秀施工企业不能公平中标，影响了施工工程市场管理体系。施工现场安全设施建立不完整，工作人员安全得不到保障。管理体制落后，管理人员对有关的工程工作人员监督不力，对工作人员的管理方式传统，相关的管理制度得不到有效执行，降低了施工效率。缺乏有力的制度保障，对法律法规不重视，存在违法违规行为，需要政府机构参与协调管理，但相关部门没有完整的管理体制，不能清晰地明确各部门管理职责，各部门工作之间的关联程度较高，相互混杂，无法协调管理工作的正常进行，不能合理有效地进行项目管理。

三、提高水利工程建设项目管理的措施

（一）加强项目合同管理

水利工程项目规模大、投资多、建设期长，又涉及与设计、勘察和施工等多个单位依靠合同建立的合作关系，整个项目的顺利实施主要依靠合同的约束进行，因此水利工程项目合同管理是水利工程建设的重要环节，是工程项目管理的核心，其贯穿于项目管理的全过程。项目管理层应强化合同管理意识，重视合同管理，要从思想上对合同的重要性有充分认识，强调按合同要求施工，而不单是按图施工。在项目管理组织机构中建立合同管理组织，使合同管理专业化。如在组织机构中设立合同管理工程师、合同管理员，并具体定义合同管理人员的地位、职能，明确合同管理的规章制度、工作流程，确立合同与质量、成本、工期等管理子系统的界面，将合同管理融如入项目管理的全过程之中。

（二）加强质量、进度、成本的控制

（1）工程质量控制方面。一是建立全面质量管理机制，即全项目、全员、全过程参与质量管理；二是根据工程实际健全工程质量管理组织，如生产管理、机械管理、材料管理、试验管理、测量管理、质量监督管理等；三是各岗工作人员配备在数量和质量上要有保证，以满足工作需要；四是机械设备配备必须满足工程的进度要求和质量要求；五是建立健全质量管理制度。

（2）进度控制方面。进度控制是一个不断进行的动态过程，其总目标是确保既定工期目标的实现，或者在保证工程质量和不增加工程建设投资的前提下，

适当缩短工期。项目部应根据编制的施工进度总计划、单位工程施工进度计划、分部分项工程进度计划，经常检查工程实际进度情况。若出现偏差，应共同与具体施工单位分析产生的原因及对总工期目标的影响，制定必要的整改措施，修订原进度计划，确保总工期目标的实现。

（3）成本控制方面。项目成本控制就是在项目成本的形成过程中，对生产经营所消耗的人力资源、物质资源和费用开支进行指导、监督、调节和限制，把各项生产费用控制在计划成本范围之内，保证成本目标的实现。项目成本的控制，不仅是专业成本人员的责任，也是项目管理人员特别是项目部经理的责任。

（三）施工技术管理

水利工程施工技术水平是企业综合实力的重要体现，引进先进工程施工技术，能够有效提高工程项目的施工效率和质量，为施工项目节约建设成本，从而实现经济利益和社会利益的最大化。应重视新技术与专业人才，积极研究及引进先进技术，借鉴国内外先进经验，同时培养一批掌握新技术的专业队伍，为水利水电工程的高效、安全、可靠开展提供强有力的保障。

近年来，水利工程建设大力发展，我国经济建设以可持续发展为理念进行社会基础建设，为了提高水利工程建设水平，对水利工程建设项目管理进行改进，加强项目管理力度，规范水利工程管理执行制度，完善工程管理体制，对水利工程质量进行严格管理，提高相关管理人才的储备、培训、引进，改进项目管理方式，优化传统工作人员管理模式，避免安全隐患的存在，保障水利工程质量安全，扩大水利工程建设规模，鼓励水利工程管理进行科学技术建设，推进我国水利工程的可持续发展。

第三节　水利工程建设项目管理模式

随着水利水电事业的发展，工程项目建设规模越来越大，结构更复杂，技术含量更高，对多专业的配合要求更迫切，传统的平行发包管理模式已经不能满足当前的工程建设需要。目前，在水利工程建设市场需求的推动下产生了多种项目管理模式。

一、平行发包管理模式

平行发包模式是水利工程建设在早期普遍实施的一种建设管理模式，是指业主将建设工程的设计、监理、施工等任务经过分解分别发包给若干个设计、监理、施工等单位，并分别与各方签订合同。

（一）优点

（1）有利于节省投资。一是与PMC、PM模式相比节省管理成本；二是根据工程实际情况，合理设定各标段拦标价。

（2）有利于统筹安排建设内容。根据项目每年的到位资金情况择优计划开工建设内容，避免因资金未按期到位影响整体工程进度，甚至造成工程停工、索赔等问题。

（3）有利于质量、安全的控制。在传统的单价承包施工方式中，承建单位以实际完成的工程量来获取利润，完成的工程量越多。获取的利润就越大，承建单位为寻求利润，一般不会主动优化设计减少建设内容，而严格按照施工图进行施工，质量、安全得以保证。

（4）锻炼干部队伍。建设单位全面负责建设管理各方面工作，在建设管理过程中，通过不断学习总结经验，能有效地提高水利技术人员的工程建设管理水平。

（二）缺点

（1）协调难度大。建设单位协调设计、监理单位以及多个施工单位、供货单位，协调跨度大，合同关系复杂。各参建单位利益导向不同、协调难度大、协调时间长，影响工程整体建设的进度。

（2）不利于投资控制。现场设计变更多，且具有不可预见性，工程超概算严重，投资控制困难。

（3）管理人员工作量大。管理人员须对工程现场的进度、质量、安全、投资等进行管理与控制，工作量大，需要具有管理经验的管理队伍，且综合素质要求高。

（4）建设单位责任风险高。项目法人责任制是“四制”管理中的主要组成，建设单位直接承担工程招投标、进度、安全、质量、投资的把控和决策，责任风险高。

二、EPC项目管理模式

EPC（Engineering Procurement Construction）即设计—采购—施工总承包，是指工程总承包企业按照合同约定，承担项目的设计、采购、施工、试运行服务等工作，并对承包工程的质量、安全、工期、造价全面负责。此种模式，一般以总价合同为基础，在国外，EPC一般采用固定总价（非重大设计变更，不调整总价）。

（一）优点

（1）合同关系简单，组织协调工作量小。由单个承包商对项目的设计、采购、施工全面负责，简化了合同组织关系，有利于项目业主管理，在一定程度上减少了项目业主的管理与协调工作。

（2）设计与施工有机结合，有利于施工组织计划的执行。由于设计和施工（联合体）统筹安排，设计与施工有机地融合，能够较好地将工艺设计与设备采购及安装紧密结合起来，有利于项目综合效益的提升，在工程建设中发现问题能得到及时有效的解决，避免设计与施工不协调而影响工程进度。

（3）节约招标时间、减少招标费用。只需一次招标，选择监理单位和EPC

总承包商，不需要对设计和施工分别招标，节约招标时间，减少招标费用。

（二）缺点

（1）由于设计变更因素，合同总价难以控制。由于初设阶段深度不够，实施中难免出现设计漏项引起设计变更等问题。当总承包单位盈利较低或盈利亏损时，总承包单位会采取重大设计变更的方式增加工程投资，而重大设计变更批复时间长，影响工程进度。

（2）项目业主对工程实施过程参与程度低，不能有效控制全过程。无法对总承包商进行全面跟踪管理，不利于质量、安全控制。合同为总价合同，施工总承包方为了加快施工进度，获取最大利益，往往容易忽视工程质量与安全。

（3）项目业主要协调分包单位之间的矛盾。在实施过程中，分包单位与总承包单位存在利益分配纠纷，影响工程进度，项目业主在一定程度上需要协调分包单位与总承包单位的矛盾。

（三）应用效果

由于初设与施工图阶段不是一家设计单位，设计缺陷、重大设计变更难以控制，项目业主与EPC总承包单位在设计优化、设计变更方面存在较大分歧，且EPC总承包单位内部也存在设计与施工利益分配不均情况，工程建设期间施工进度、投资难控制。例如，某水库项目业主与EPC总承包单位由于重大设计变更未达成一致意见，导致工程停工2年以上，在变更达成一致意见后项目业主投资增加上亿元。

三、PM项目管理模式

PM项目管理服务是指工程项目管理单位按照合同约定，在工程项目决策阶段，为项目业主编制可行性研究报告，进行可行性分析和项目策划；在工程项目实施阶段，为项目业主提供招标代理、设计管理、采购管理、施工管理和试运行（竣工验收）等服务，代表项目业主对工程项目进行质量、安全、进度、投资、合同、信息等管理和控制。工程项目管理单位按照合同约定承担相应的管理责任。PM模式的工作范围比较灵活，可以是全部项目管理的总和，也可以是某个专项的咨询服务。

（一）优点

（1）提高项目管理水平。管理单位为专业的管理队伍，有利于更好地实现项目目标，提高投资效益。

（2）减轻协调工作量。管理单位对工程建设现场进行管理和协调；项目业主单位主要协调外部环境，可减轻项目业主对工程现场的管理和协调工作量，有利于弥补项目业主人才不足的问题。

（3）有利于保障工程质量与安全。施工标由业主招标，避免造成施工标单价过低，有利于保证工程质量与安全。

（4）委托管理内容灵活。委托给PM单位的工作内容和范围也比较灵活，可以具体委托某一项工作，也可以是全过程、全方位的工作，项目业主可根据自身情况和项目特点进行更多的选择。

（二）缺点

（1）职能职责不明确。项目管理单位职能职责不明确，与监理单位职能存在交叉问题，比如合同管理、信息管理等。

（2）体制机制不完善。目前没有指导项目管理模式的规范性文件，不能对其进行规范化管理，有待进一步完善。

（3）管理单位积极性不高。由于管理单位的管理费为工程建设管理费的一部分，金额较小，管理单位投入的人力资源较大，利润较低。

（4）增加管理经费。增加了项目管理单位，相应地增加了一笔管理费用。

（三）应用效果

采用此种管理模式只是简单地代项目业主服务，因为没有利益约束，不能完全实现对项目参建单位的有效管理，且各参建单位同管理单位不存在合同关系，建设期间容易发生不服从管理或落实目标不到位现象、工程推进缓慢、投资控制难等问题。

四、PMC项目管理模式

项目管理总承包（Project Management Contractor，简称PMC）：项目业主以

公开招标方式选择项目管理总承包单位，将项目管理工作和项目建设实施工作以总价承包合同形式进行委托；再由PMC单位通过公开招标形式选择土建及设备等承包商，并与承包商签订承包合同。

根据工程项目的不同规模、类型和项目业主要求，通常有三种PMC项目管理承包模式。

（一）项目业主采购，PMC方签订合同并管理

项目业主与PMC承包商签订项目管理合同，项目业主通过指定或招标方式选择设计单位、施工承包商、供货商，但不签订合同，由PMC承包商与之分别签订设计、施工和供货等合同。基于此类型的PMC管理模式在实施过程中存在问题较多，已被淘汰，目前极少有工程采用此种管理模式。

（二）项目业主采购并签订合同，PMC方管理

项目业主选择设计单位、施工承包商、供货商，并与之签订设计、施工和供货等合同，委托PMC承包商进行工程项目管理。此类型PMC管理模式，主要有两种具体表现形式。

1.PMC管理单位为具有监理资质的项目管理单位

项目业主不再另行委托工程监理，让管理总承包单位内部根据自身条件及工程特点分清各自职能职责。管理单位更加侧重于利用自己专业的知识和丰富的管理经验对项目的整体进行有效的管理，使项目高效地运行。监理的侧重点在于提高工程质量与加快工程进度，而非对项目整体的管理能力。项目业主只负责监督、检查项目管理总承包单位是否履职履责。PMC项目管理单位可以是监理与项目管理单位组成的联合体。

此种模式的优点是解决了目前PMC型项目管理模式实施过程中存在职能职责交叉的问题，责任明确；避免了由于交叉和矛盾的工作指令关系，影响项目管理机制的运行和项目目标的实现，提高了管理工作效率。最大缺点是工程缺少第三方监督，如出现矛盾没有第三方公正处理，现基本不采用该形式。

2.PMC管理单位为具有勘察设计资质的项目管理单位

PMC项目管理单位具有勘察设计资质，也可以是设计与项目管理单位组成联合体。此种模式的优点：①可依托项目管理单位的技术力量、管理能力和丰富经

验等优势，对工程质量、安全、进度、投资等形成有效的管理与控制，减轻项目业主对工程建设的管理与协调压力；②通过与设计单位协调，有效地解决PMC实施过程中存在的设计优化分成问题，增加了设计单位设计优化的积极性。项目业主将设计优化分成给管理总承包单位，然后由管理总承包单位内部自行分成。最大缺点是缺少第三方监督，如出现矛盾没有第三方公正处理，很多地方一般不采用该形式。

（三）风险型项目管理总承包

根据水利项目的建设特点，在国际通行的项目管理承包模式和国内近几年运用实践的基础上，首先提出了风险型项目管理总承包的建设管理模式。该模式基于PMC总承包建设模式，是对国际通行的项目管理承包进行拓展和延伸。PMC总承包单位按照合同约定对设计、施工、采购、试运行等进行全过程、全方位的项目管理和总价承包，一般不直接参与项目设计、施工、试运行等阶段的具体工作，对工程的质量、安全、进度、投资、合同、信息、档案等，全面控制、协调和管理，向项目业主负总责，并按规定选择有资质的专业承建单位来承担项目的具体建设工作。此类型的PMC管理模式包括项目管理单位与设计单位不是同一家单位，以及项目管理单位与设计单位是同一家单位两种表现形式。

（四）优点

（1）有效提高项目管理水平。PMC总承包单位通过招标方式选择，是专业从事项目建设管理的专门机构，拥有大批工程技术和项目管理经验的专业人才，充分发挥PMC总承包单位的管理、技术、人才优势，提升项目的专业化管理能力，同时促进参建单位施工和管理经验的积累，极大地提升整个项目的管理水平。

（2）建设目标得到有效落实。项目管理总承包合同签订，对工程质量、进度、投资予以明确，不得随意改动。业主重点监督合同的执行和PMC总承包单位的工作开展；PMC总承包单位做好项目管理工作并代项目业主管理勘测设计单位，按合同约定选择施工、安装、设备材料供应单位。在PMC总承包单位的统一协调下，参建单位的建设目标一致，设计、施工、采购得到深度融合，实现技术、人力、资金和管理资源高效组合和优化配置，工程质量、安全、进度、投资得到综合控制且真正落实。

（3）降低项目业主风险。项目建设期业主风险主要来自设计方案的缺陷和变更、招标失误、合同缺陷、设备材料价格波动、施工索赔、资金短缺及政策变化等不确定因素。在严密的项目管理总承包合同框架下，从合同上对项目业主的风险进行了重新分配，绝大部分发生转移，同时项目建设责任主体发生转移更能激励PMC总承包单位重视工程质量、安全、进度、投资的控制，减少了整个项目的风险。

（4）减轻项目业主单位协调工作量。管理单位对工程建设现场进行管理和协调；项目业主单位主要协调外部环境，可减项目轻业主对工程现场的管理和协调工作量，有利于弥补项目业主建设管理人才不足的问题。

（5）代业主管理设计。近几年，由于水利工程较多，设计单位往往供图不及时，设计与现场脱节等，对设计单位管理困难。PMC单位可对设计单位进行管理，如PMC与设计是同一家单位，对前期工作较了解，相当于从项目的前期到实施阶段的全过程管理，业主仅须对工程管理的关键问题进行决策。

（6）解决项目业主建设管理能力和人才不足的问题。PMC总承包单位代替项目业主行使项目管理职责，是项目业主的延伸机构，可解决项目业主的管理能力和人才不足问题。项目业主决定项目的构思、目标、资金筹措和提供良好的外部施工环境；PMC总承包单位承担施工总体管理和目标控制，对设计、施工、采购、试运行进行全过程、全方位的项目管理，不直接参与项目设计、施工、试运行等阶段的具体工作。

（7）精简项目业主管理机构。项目业主往往要组建部门众多的管理机构，项目建成后如何安置管理机构人员也是较大的难题。采用项目管理总承包（PMC）后，PMC总承包单位会针对项目特点组建适合项目管理的机构来协助项目业主开展工作，项目业主仅需组建人数较少的管理机构对项目的关键问题进行决策和监督，从而精简了项目业主的管理机构。

该种模式由于管理单位进行二次招标，可节约一部分费用，在作为风险保证金的同时，可适当弥补管理经费不足的问题，提高管理单位的积极性。

（五）缺点

整体来看，国家部委层面出台的PMC专门政策、意见及管理办法与EPC模式相比有较大差距。同时，与PMC模式相配套的标准合同范本需要进一步规范、完善。

五、PPP[①]+PMC项目建设管理模式

PPP+PMC模式采取一次性公开招标或竞争性招标的方式选择具备相应资质和能力的PPP社会投资人，同时以PPP投标人联合体方式选择具备相应资质和能力的PMC承包人实施工程项目建设。

采用PPP管理模式涉及单位较多，融资各方利益目标不一致，协调参建各方不同的利益目标难度大，现场管理过程中由于涉及单位和个人较多，形成多头管理，工作效率低下，建议在项目建设中尽量不要采用此模式。

建管模式并无优劣之分，只有适合与否。不同工程项目或工程项目的某一部分建设内容实施过程中所适合的建管模式不尽相同，建设单位应针对工程各层面的特点选用适合的建设模式，力争将每一个水利工程打造成精品工程、样板工程。

第四节　水利工程建设项目管理及管理体制的分析

水利工程管理体制属于生产关系范畴，各国因国情不同而异。我国为社会主义公有制国家，水利工程项目特别是水利水电等大中型工程项目的投资主体是政府和公有制企事业单位。因此，我国的水利工程项目建设管理体制不同于私有制国家。本节主要对水利工程建设项目管理体制进行分析。

水利工程建设项目是最为常见也是最为典型的项目类型，是项目管理的重点。水利工程建设项目是指按照一个总体设计进行施工，由一个或几个相互有内在联系的单项工程组成，经济上实行统一核算，行政上实行统一管理的建设

① PPP（Public Private Partnership），别称PPP模式，是指政府与私人组织之间，为了合作建设城市基础设施项目，或是为了提供某种公共物品和服务，以特许权协议为基础，彼此之间形成一种伙伴式的合作关系，并通过签署合同来明确双方的权利和义务，以确保合作的顺利完成，最终使合作各方达到比预期单独行动更为有利的结果。

实体。

一、水利工程项目管理

（一）成功的水利工程项目

在水利工程项目实施过程中，人们的一切工作都是围绕着一个目的——取得项目的成功而进行的。那么，怎样才算一个成功的项目呢？对不同的项目类型，在不同的时候，从不同的角度看，就有不同的认识标准。通常一个成功的项目从总体上至少必须满足如下条件：

（1）满足预定的使用功能要求（包括功能、质量、工程规模等），达到预定的生产能力或使用效果，能经济、安全、高效率地运行，并提供较好的运行条件。

（2）在预算费用（成本或投资）范围内完成，尽可能地降低费用消耗，减少资金占用，保证项目的经济性要求。在预定的时间内完成项目的建设，及时地实现投资目的，达到预定的项目总目标和要求。能为使用者（顾客或用户）接受、认可，同时又照顾到社会各方面及各参加者的利益，使得各方面都感到满意。

（3）与环境协调，即项目能为它的上层系统所接受，包括：①与自然环境的协调，没有破坏生态或恶化自然环境，具有好的审美效果。②与人文环境的协调，没有破坏或恶化优良的文化氛围和风俗习惯。③项目的建设和运行与社会环境有良好的接口，为法律所允许，或至少不能招致法律问题，有助于社会就业、社会经济发展。要取得完全符合上述每一个条件的项目几乎是不可能的，因为这些指标之间有许多矛盾。在一个具体的项目中常常需要确定它们的重要性（优先级），有的必须保证，有的尽可能照顾，有的又不能保证。

（二）水利工程项目取得成功的前提

要取得一个成功的水利工程项目，有许多前提条件，必须经过各方面努力。最重要的有如下三个方面：

（1）进行充分的战略研究，制定正确、科学、符合实际（即与项目环境和项目参加者能力相称）且有可行性的项目目标和计划。如果项目选择出错，就会犯方向性、原则性错误，给工程项目带来根本性的影响，造成无法挽回的损失。这是战略管理的任务。

（2）工程的技术设计科学、经济，符合要求。这里包括工程的生产工艺（如产品方案、设备方案等）和施工工艺的设计，选用先进、安全、经济、高效且符合生产和施工要求的技术方案。

（3）有力的，高质量、高水平的项目管理。项目管理者为战略管理、技术设计和工程实施提供各种管理服务，如提供项目的可行性论证、拟订计划、实施控制。其将上层的战略目标和计划与具体的工程实施活动联系在一起，将项目的所有参加者的力量和工作融为一体，将工程实施的各项活动组织成一个有序的过程。

二、我国的工程建设项目管理体制存在的问题

我国的水利工程产品不是商品，对建设项目的管理一直采用产品计划经济管理体制。水利水电工程项目的建设，采用的是自营制方式。在这种管理体制下，设计单位、施工单位、运行管理单位均隶属于水利水电行政主管部门，如各级水利水电勘测设计院、水利水电工程局等，它们与主管部门是上下级行政关系。它们的生产活动都是由上级主管部门直接安排，不善于利用经济的方式和手段；它着重于工程的实现，却忽视了这种实现要在预定的投资、进度、质量目标系统内予以实现；它努力去完成进度目标，而往往不顾投资的多少和对质量目标会造成多大的冲击。由于这种传统的工程项目管理体制自身的先天不足，使得我国水利工程建设的水平和投资效益长期得不到提高，在投资与效益之间存在较大差距。投资、进度、质量目标失控的现象，在许多工程中存在。而且，随着工程项目规模的日趋庞大，技术越来越复杂，目标失控的趋势也愈加明显，大有愈演愈烈之势，已成为“老大难”问题。

三、当前我国建设项目管理体制的具体措施

改革开放以来，我国在基本建设领域里进行了一系列的改革，从以前在工程设计和施工中采用行政分配、缺乏活力的计划管理方式，改变为以项目法人（业主）为主体的工程招标发包体系，以设计、施工和材料设备供应为主体的投标承包体系，以及以社会监理单位为主体的技术咨询服务体系的三元主体，且三者之

间以经济为纽带，以合同为依据，相互监督，相互制约，构成工程建设项目管理体制的新模式，逐步形成并正在继续完善具有我国特色的建设项目管理体制。通过推行项目法人责任制、招标承包制、建设监理制等改革举措，即以国家宏观监督调控为指导、项目法人责任制为核心、招标投标制和建设监理制为服务体系，构筑了当前我国建设项目管理体制的基本格局。工程建设监理制度在西方国家已有较长的发展历史，并日趋成熟与完善。

（一）项目法人责任制

在我国建立项目法人责任制，就是按照市场经济的原则，转换项目建设与经营机制，改善项目管理，提高投资效益，从而在投资建设领域建立有效的微观运行机制的一项重要改革措施。其核心内容是明确由项目法人承担投资风险，不但负责建设而且负责建成以后的生产经营和归还贷款本息，由项目法人对项目的策划、资金筹措、建设实施、生产经营、债务偿还和资产的保值增值，实行全过程负责。

实行项目法人责任制，一是明确了由项目法人承担投资风险，因而强化了项目法人及投资方和经营方的自我约束机制，对控制工程投资、工程质量和建设进度起到了积极的作用。二是项目法人不但负责建设而且负责建成以后的经营和还款，对项目的建设与投产后的生产经营实行一条龙管理，全面负责。这样可把建设的责任和生产经营的责任密切结合起来，从而较好地克服了基建管花钱，生产管还款，建设与生产经营相互脱节的弊端。三是可以促进招标投标工作、建设监理工作等其他基本建设管理制度的健康发展，提高投资效益。

（二）招标投标制

在计划经济体制时代，我国建设项目管理体制是按投资计划采用行政手段分配建设任务，形成工程建设各方一起“吃大锅饭”的局面。建设单位不能自主选择设计、施工和材料设备供应单位，设计、施工和设备材料供应单位靠行政手段获取建设任务，从而严重影响了我国建筑业的发展和建设投资的经济效益。招标投标制是市场经济体制下建筑市场买卖双方的一种主要竞争性交易方式。我国推行工程建设招标投标制，是为了适应社会主义市场经济的需要，促使建筑市场各主体之间进行公平交易、平等竞争，以提高我国水利水电工程项目建设的管理水平，促进我国水利水电建设事业的发展。

（三）建设监理制

工程建设监理制度在西方国家已有较长的发展历史，并日趋成熟与完善。随着国际工程承包业的发展，国际咨询工程师联合会制定的《土木工程施工合同条件》等已为国际工程承包市场普遍认可和广泛采用。该合同条件在总结国际土木工程建设经验的基础上，科学地将工程技术、管理、经济、法律结合起来，突出监理工程师负责制，详细地规定了项目法人、监理工程师和承包商三方的权利、义务和责任，对建设监理的规范化和国际化具有重要的作用。无疑，充分研究国际通行的做法，并结合我国的实际情况加以利用，建立我国的建设监理制度，是当前发展我国建设事业的需要，也是我国建筑行业与国际市场接轨的需要。

第四章　水库的运用与管理

第一节　水库管理概述

一、水库的类型及作用

（一）水库的类型

水库可以根据其总库容的大小划分为大、中、小型水库，其中大型水库和小型水库又各自分为两级，即大（1）型、大（2）型，小（1）型、小（2）型。因此，水库按其规模大小分为五等，见表4–1。

表4–1　水库的分等指标　　单位：10^8m^3

水库等级	Ⅰ	Ⅱ	Ⅲ	Ⅳ	Ⅴ
水库规模	大（1）型	大（2）型	中型	小（1）型	小（2）型
水库的总库容	＞10	10～1	1～0.1	0.1～0.01	0.01～0.001

水库具有防洪、发电、航运、养殖、旅游等作用，当具有多种作用时即为多目标水库，又称为综合利用水库；只具有一种作用或用途的即为单目标水库。我国的水库一般都属于多目标水库。

根据水库对径流的调节能力，水库可分为日调节水库、周调节水库、季调节水库（或年调节水库）、多年调节水库。

根据水库在河流上所处位置的地形情况，水库可分为山谷型水库、丘陵型水库、平原型水库等三类。

此外，水库还有地表水库和地下水库之分。

（二）水库的作用

我国河流水资源受气候的影响，存在着时空分布极不均衡的严重问题，水库是进行这种时空调节的最为有效的途径。水库具有调节河流径流、充分利用水资源发挥效益的作用。

水库能调节洪水，削减洪峰，延缓洪水通过的时间，保证下游泄洪的安全。

水库可蓄水抬高水位，进行发电；并可改善河道航运和浮运条件；发展养殖业和旅游业。

二、水库与库区环境的关系

水库能给国民经济各方面带来许多综合效益，也会对周围环境产生一定的影响，如造成淹没、浸没、库区坍岸、气候和生态环境的变化等。

水库是人工湖泊，它需要一定的空间来储存水量和滞蓄洪水，因此将会淹没大片土地、设施和自然资源。如淹没农田、城镇、工厂、矿山、森林、建筑物、交通和通信线路、文物古迹、风景旅游区和自然保护区等。

水库建成蓄水后，周围地区的地下水将会随之抬高，在一定的地质条件下，可能会使这些地区被浸没，发生土地沼泽化、农田盐碱化，还可能引起建筑物地基沉陷、房屋倒塌、道路翻浆、饮水条件恶化等问题。

河道上建成水库后，进入水库的河水流速减小，水中挟带的泥沙便在水库中淤积，占据了一定的库容，影响到水库的效益，缩短了水库的使用年限。

水库下泄的清水，使下游水的含沙量减少，引起河床的冲刷，从而危及下游堤防、码头、护岸工程的安全，并使河道水位下降，影响下游的引水和灌溉。

随着水库的蓄水，在水的浸泡下，水库两侧的库岸岩土的物理力学性质发生变化，抗剪强度减小，或者是在风浪和冰凌的冲击和淘刷下，致使库岸丧失稳定，产生坍塌、滑坡和库岸再造。

修建水库蓄水以后，特别是大型水库，形成人工湖泊，扩大了水面面积，也将会影响库区的气温、湿度、降雨、风速和风向。

修建水库蓄水以后，原有的自然生态平衡被打破，水温升高，对一些水生物和鱼类的生存可能有利，但却隔断了洄游类鱼类的路径，对其繁殖不利。

水库能为人们提供优质的生活用水和美丽的生活环境，但水库的浅水区杂草丛生，是疟蚊的潜生地。周围的沼泽地也是血吸虫寄主钉螺繁殖的良好环境。修建水库后，由于水库中水体的作用，在一定的地质条件下还可能产生水库诱发地震的情况。

三、水库管理的任务与工作内容

水库管理是指采取技术、经济、行政和法律的措施，合理组织水库的运行、维修和经营，以保证水库安全和充分发挥效益的工作。

（一）水库管理的主要任务

水库管理的主要任务包括以下几方面：

（1）保证水库安全运行，防止溃坝。

（2）充分发挥规划设计等规定的防洪、灌溉、发电、供水、航运以及发展水产改善环境等各种效益。

（3）对工程进行维修养护，防止和延缓工程老化、库区淤积、自然和人为破坏，延长水库使用年限。

（4）不断提高管理水平。

（二）水库管理的工作内容

水库管理工作可分为控制运用、工程设施管理和经营管理等方面。下面仅介绍控制运用与工程设施管理。

1.控制运用

水库控制运用又称水库调度，是合理运用现有水库工程改变江河天然径流在时间和空间上的分布状况及水位的高低，以适应生产、生活和改善环境的需要，达到除害兴利、综合利用水资源的目的，是水库管理的主要生产活动。其内容包括以下几方面：

（1）掌握各种建筑物和设备的技术状况，了解水库实际蓄泄能力和有关河道的供水能力。

（2）收集水文气象资料的情报、预报以及防汛部门和各用户的要求。

（3）编制水库调度规程，确定调度原则和调度方式，绘制水库调度图。

（4）编制和审批水库年度调度计划，确定分期运用指标和供水指标，作为年度水库调节的依据。

（5）确定每个时段（月、旬或周）的调度计划，发布和执行水库实时调度指令。

（6）在改变泄量前，通知有关单位并发出警报。

（7）随时了解调度过程中的问题和用水户的意见，据此调整调度工作。

（8）搜集、整理、分析有关调度的原始资料。

2.工程设施管理

工程设施管理包括以下几方面：

（1）建立检查观测制度，进行定期或不定期的工程检查和原型观测，并及时整编分析资料，掌握工程的工作状态。

（2）建立养护修理制度，进行日常养护修理。

（3）按照年度计划进行工程岁修、大修和设备更新改造。

（4）出现险情及时组织抢护。

（5）依照政策、法令保护工程设施和所管辖的水域，防止人为破坏工程和降低水库蓄泄能力。

（6）进行水质监测，防治水污染。

（7）建立水库技术档案。

（8）建立防洪预报、预警方案。

第二节　水库库区的防护

水库库区防护，是主要为消除和减轻因水库蓄水形成的库区淹没、浸没坍岸等隐患而采用的工程措施，该工程措施也称为水库库区的防护工程。库区常用的防护措施一般有修建防护堤、防洪墙、抽排水站、排水沟渠、减压沟井、防浪墙堤、副坝、护岸、护坡加固等工程措施，以及针对库岸水环境的保护所采取的水体水质保护、水土流失治理等。本节就水库运用管理中通常涉及的工程措施及水库水环境保护等问题进行讨论。

一、工程措施

（一）防护工程主要措施

防护工程主要措施包括以下内容：

（1）筑防护堤或防洪墙。

（2）排除地表和土壤中的水，控制地下水位。

（3）挖高填低。

（4）岸边坡的改善和加固。

（5）其他工程措施等。

（二）常见的防护工程

以保护现有的实物对象为目标，如房屋、居民点、土地、交通线路、小工厂企业、文物及其他有价值的国民经济对象等。这类工程除需修建防护堤外，还要有防浸、排涝措施，是水库区防护工程中使用最广泛的一种工程。

（三）防浸排涝措施

最好是堤渠结合，堤后是渠道，通过泵站或闸排将渍水排出，还可利用渠道作下游灌溉和养鱼之用。关于控制地下水位，其措施是挖高填低、截流排水，设立必要的泵站也是很重要的。

（四）防止水库漏水

防护区内还要注意防止水库漏水，影响库外环境恶化工程，主要通过检查库内防护区的土壤和其他部位是否有导致漏水的可能性，以及库岸低凹口和水下漏洞导致渗向库外的可能和隐患。

综上所述，防护工程有很多设施，必须按其用途和程度进行周到的考虑，要非常突出一个目标就是要科学地、极大限度地利用水和土地资源，协调存在的问题。为了正确地、因地制宜地选择和修建库区和其他水利的防护工程设施，必须进行必要和翔实的调查研究工作。防护工程建成后，首要的是管，落实管理人员编制，必须制定管理细节，只有管理到位，工程才能发挥效益，才能达到防护目的。

二、水库的水环境保护

（一）对水库水环境保护的认识

水库环境保护是现代经济社会赋予水库管理工作的一项全新内容，是现代水库管理的基本要求，是工程效益形成的基础保障，自然也是水利工程管理中一项不可忽视的重要工作。

水库水资源是指水库中蓄存的可满足水库兴利目标，即满足设计用途所需的所有水资源。水库水资源的兴利能力不仅取决于水库的建设任务和规模、水库所在河川径流在时间空间上分布水量的变化，而且取决于水质状况。然而，水库水资源却承受着库区工农业生产及旅游等产业带来的污染和水土流失引发的淤积的威胁，并且这些威胁日趋加重，这类危害若继续并扩大，水库将会面临功能丧失的危机。因此，为维护水库的安全，水库管理者应超脱狭隘的管理范围，“走上库岸”，加强防治污染和水土保持工作，做好库岸的水环境管理。

水库水环境的管理具有一定的广泛性、综合性和复杂性，应运用行政、法律、经济、教育和科学技术等手段对水环境进行强化管理。

（二）水库污染防治

1.水库污染及其种类

水污染是指水体因某种物质的介入而导致其化学、物理、生物或者放射性等方面特性的改变，从而影响水的有效利用，危害人体健康或者破坏生态环境，造成水质恶化的现象。水污染的类型见表4–2。

表4-2　水污染的类型

种类	内容
有机污染	有机污染又称需氧性污染，主要指由城市污水、食品工业和造纸工业等排放含有大量有机物的废水所造成的污染
无机污染	无机污染又称酸碱盐污染，主要来自矿上、黏胶纤维、钢铁厂、染料工业、造纸、炼油、制革等废水
有毒物质污染	有毒物质污染为重金属污染和有机毒物污染
病原微生物污染	病原微生物污染主要来自生活、畜禽饲养厂、医院以及屠宰肉类加工等污水
富营养化污染	生活污水和一些工业、食品业排出废水中含有氮、磷等营养物质，农业生产过程中大量氮肥、磷肥，随雨水流入河流、湖泊
其他水体污染	主要包括水体油污染和水体热污染、放射性污染等

水是否被污染、发生哪几种污染、污染到什么程度，都是通过相应的污染分析指标判定衡量的。水污染正常分析指标包括以下内容：

（1）臭味。

（2）浑浊度。

（3）水温。

（4）电导率。

（5）溶解性固体。

（6）悬浮性固体。

（7）总氧。

（8）总有机碳。

（9）溶解氧。

（10）生物化学需氧量等。

这些指标是管理中进行检查分析工作的重要依据。

2.水库污染危害的防治

水库中水体受到污染会产生一定的危害：一是对人体健康产生的危害；二是对农业造成的危害。

水库水环境污染防治应将工程措施和非工程措施相结合。

（1）工程措施

包括三个方面：一是流域污染源治理工程，主要是对工业污染、镇区污水、村落粪便等进行处理；二是流域水环境整治与水质净化工程，主要是对河道淤泥和垃圾进行清理，对下游河道进行生态修复；三是流域水土保持与生态建设工程，主要是对一些废弃的矿区和采石场进行修复处理，栽种水源涵养林。

（2）非工程措施

就是让各种有害物质和使水环境恶化的一切行为远离库区。为此可以采取以下手段：①法律手段，可依据国家有关水环境法律法规制定库区环境管理条例，通过法律强制措施对库区的不法行为进行制止；②经济手段，通过奖惩办法对积极采取防治库区污染措施的企业予以奖励，对污染严重的企业予以惩罚；③宣传教育手段，采取多种形式在库区进行宣传教育，提高库区群众的防治意识并发挥社会公众监督作用；④科技手段，应用科学技术知识，加强库区农业生产的指导工作，改善产业结构，减少和避免对环境有害的生产方式。科学地制定水资源的检测、评价标准，推广先进的生产技术和管理技术，制定综合防治规划，使环境建设和防治工作持久不懈。

（三）水库水土保持

1.水土保持及其作用

水库水土保持是一项综合治理性质的生态环境建设工程，是指在水库水土流失区，为防止水土流失、保护改良与合理利用水土资源而进行的一系列工作。

水土保持工作以保水土为中心，以水蚀为主要防治对象，必然对水库水资源生态环境产生更为全面的显著的作用和影响。主要体现在以下几个方面：

（1）增加蓄水能力，提高降水资源的有效利用。

（2）削减洪水，增加枯水期流量，提高河川水资源的有效利用率。

（3）控制土壤侵蚀，减少河流泥沙。

（4）改善水环境，促进区域社会经济可持续性发展。

2.水土保持的措施

水土流失的主要原因有水力侵蚀、重力侵蚀、风力侵蚀三种形式。

水力侵蚀概括地说是地表水对地面土壤的侵蚀和搬移。重力侵蚀是斜坡上的土体因地下水渗透力或因雨后土壤饱和引起抗剪强度减小，或因地震等原因使土体因重力失去平衡而产生位移或块体运动并堆积在坡麓的土壤侵蚀现象，主要形态有崩塌、滑坡、泄流等。风力侵蚀是由风力磨损、吹扬作用，使地表物质发生搬运及沉积现象，其表现有滚动、跃移和悬浮三种方式。

水土流失对水库水资源有极大的影响，包括以下几方面：①加剧洪涝灾害；②降低水源涵养能力；③造成水库淤积，降低综合能力；④制约地方经济发展。

搞好水土保持应主要采取三个方面的措施。

（1）水土保持的工程措施。在合适的地方修筑梯田、撩壕等坡面工程，合理配置蓄水、引水和提水工程，主要作用是改变小地形，蓄水保土，建设旱涝保收、稳定高产的基本农田。

（2）水土保持的林草措施。在荒山、荒坡、荒沟、沙荒地、荒滩和退耕的陡坡农地上，采取造林、种草或封山育草的办法增加地面植被，保护土壤免受暴雨侵蚀冲刷。

（3）水土保持的农业措施。通过采取合理的耕作措施，在提高农业产量的同时达到保水保土的目的。

第三节　库岸失稳的防治

水库蓄水之后，常常给库岸带来一系列的危害，如库岸淹没、浸没、库岸坍塌等问题，这些问题严重时会使水库因丧失功能而“夭折”。所以在水库运行管理中应经常对库岸进行检查，出现问题应及时进行治理，并采取有效的防护措施减少和避免危害的发生。水库蓄水后，库岸在自重和水的作用下常常会发生失稳，形成崩塌和滑坡。影响库岸稳定的因素很多，如库岸的坡度和高度、库岸线的形状、库岸的地质构造和岩性、水流的淘刷、水的浸湿和渗透作用、水位的变化、风浪作用、冻融作用、浮冰的撞击、地震作用以及人为的开挖、爆破等作用，均会造成库岸的失稳。本节就水库运用管理中通常涉及的库岸失稳的防治问题进行讨论。

一、岩质库岸失稳的防治

岩质库岸的形态一般有崩塌、滑坡和蠕动三种类型。崩塌是指岸坡下部的外层岩体因其结构遭受破坏后脱落，使库岸的上部岩体失去支撑，在重力或其他因素作用下而坠落的现象。滑坡是指库岸岩体在重力或其他力的作用下，沿一个或一组软弱面或软弱带做整体滑动的现象。蠕动现象可分为两种：脆性岩层是指在重力或卸荷力的作用下沿已有的滑动面或绕某一点做长期而缓慢的滑动或转动；塑性岩层（如夹层）是指岩层或岩块在荷载作用下沿滑动面或层面做长期而缓慢的塑性变形或流动。

最常见的岸坡失稳形态是滑坡，防治滑坡的方法有削坡、防漏排水、支护、改变土体性质、采用抗滑桩和锚固等。

（一）削坡

当滑坡体范围较小时，可将不稳定岩体挖除；如果滑坡体范围较大，则可将滑坡体顶部挖除，并将开挖的石渣堆放在滑坡体下部及坡脚处，以增加其稳定性。

（二）防漏排水

防漏排水是岸坡整治的一项有效措施，并广泛运用于工程实践中。其具体措施为：在环绕滑坡体的四周设置水平和垂直排水管网，并在滑坡体边界的上方开挖排水沟，拦截沿岸坡流向滑坡体的地表水和地下水；对滑坡体表面进行勾缝，水泥喷浆或种植草皮，阻止地表水渗入滑坡体内。

（三）支护

支护措施通常有挡墙支护和支撑支护两种。当滑坡体是松散土层或裂隙发育的岩层时，可在坡脚处修建浆砌石、混凝土或钢筋混凝土挡墙进行支护；如果滑坡体是整体性较好的不稳定岩层时，也可采用钢筋混凝土框架进行支护。

（四）抗滑桩法

当滑动体具有明确的滑动面时，可沿滑动方向用钻机或人工开挖的方法造孔，在孔内设钢管，管中灌注混凝土，形成一排抗滑桩，利用桩体的强度增加滑动面的抗剪强度，达到增强稳定性的目的。抗滑桩的截面有方形和圆形两种，其直径对于钻孔桩为0.3～0.5m，对于挖孔桩一般为1.5～2.0m，桩长可达20m。当滑动面上、下岩体完整时，也可采用平洞开挖的方法沿滑动面设置混凝土抗滑短桩或抗滑键槽，以增强滑动体的稳定性，也可取得良好的效果。

（五）锚固措施

锚固措施是用钻机钻孔穿过滑坡体岩层，直达下部稳定岩体一定深度，然后在孔中埋设预应力钢索或锚杆，以加强滑坡体稳定的方法。在许多情况下，滑坡的防治需要同时采取上述几种措施，进行综合整治。

例如，黄坛口水库的左坝肩为一石滑坡体，岩石极为破碎，其范围自坝线下游伸入水岸约300m，面积2000m^2，厚度60～70m。采取的整治措施有以下几种：

（1）削坡。将滑坡体的上部岩体挖除一部分，回填至坡脚。

（2）防渗措施。为防止库水渗入滑坡体内，在滑坡体下部，沿边坡面修建一道长300m、顶部高程超过水库正常高水位的黏土心墙（铺盖），心墙底部与基础岩石连接，墙脚与坝头混凝土重力式翼墙相接，将整个滑坡体包裹封闭。

（3）排水措施。沿滑坡体边界上方开挖排水沟，将顺坡流向滑坡体的地表水拦截排走。同时，在滑坡体坡脚处设置一排排水管，将通过黏土心墙渗入的库水排至水库下游。

（4）防漏措施。对滑裂体表面裂隙用黏土进行勾缝，防止雨水渗入滑坡体。

（5）监测工作。为掌握滑坡体的动态，在沿滑坡体的滑动方向布置观测断面，监测滑坡体的位移及其水文地质情况。

二、非岩质库岸失稳的防治

防治非岩质库岸破坏和失稳的措施有护坡、护脚、护岸墙和防浪墙等。对于受主流顶冲淘刷而引起的塌岸，常采用抛石护岸；如水下部分冲刷强烈，则可采用石笼或柳石枕护脚；对于受风浪淘刷而引起的塌岸，可采用干砌石、浆砌石、混凝土、水泥等材料进行护坡；当库岸较高，上部受风浪冲刷，下部受主流顶冲，则可做成阶梯式的防护结构，上部采用护坡，下部采用抛石、石笼固脚；对于水库位变化较大，风浪冲刷强烈的库岸，可采用护岸墙的防护方式；对于库岸较陡、在水的浸湿和风浪作用下有塌岸的危险，则可采用削坡的方法进行防护，当库岸较高时，也可采取上部削坡，下部回填，然后进行护坡的防护方法。

抛石护岸具有一定的抗冲能力，能适应地基的变形，适用于有石料来源和运输的情况。石料一般宜采用质地坚硬，直径为0.2～0.4m，质量在30～20kg的石块，抛石厚约为石块直径的4倍，一般为0.8～1.2m。抛石护坡表面的坡度，对于水流顶冲不严重的情况，一般不陡于1：1.5；对于水流顶冲严重的情况，一般不陡于1：0.8。

干砌块石护岸是常采用的一种护岸形式，其顶部应高于水库的最高水位，底部应深入水库最低水位以下，并能保护护岸不受主流顶冲。干砌块石的厚度一般为0.3～0.6m，下面铺设0.15～0.2m的碎砾石垫层。

石笼护岸是用铅丝、竹篾、荆条等材料编制成网状的六面体或圆柱体，内填块石、卵石，将其叠放或抛投在防护地段，做成护岸。石笼的直径为0.6～1.0m，长度2.5～3.0m，体积1.0～2.0m^3。石笼护岸的优点是可以利用较小的石块，抛入水中后位移较小，抗冲刷能力强，且具有一定的柔性，能适应地基的变形。

护岸墙适用于岸坡较陡、风浪冲击和水流淘刷强烈的地段。护岸墙可做成干砌石墙、浆砌石墙、混凝土墙和钢筋混凝土墙。护岸墙的底部应伸入基土内，墙前用砌石或堆石做成护脚，以防墙基淘刷。在必要的情况下，可在墙底设置桩承台，以保证护岸墙的稳定。

防护林护岸是选择宽滩地的适当地段植树造林，做成防护林带，以抵御水库高水位时的风浪冲刷。

第四节　水库泥沙淤积的防治

一、水库泥沙淤积的成因及危害

（一）水库泥沙淤积的成因

河流中挟带泥沙，按其在水中的运动方式，常分为悬移质泥沙、推移质泥沙和河床质泥沙，它们随着河床水力条件的改变，或随水流运动，或沉积于河床。

当河流上修建水库以后，泥沙随水流进入水库，由于水流流态变化，泥沙将在库内沉积形成水库淤积。水库淤积的速度与河流中的含沙量、水库的运用方式、水库的形态等因素有关。

（二）水库泥沙淤积的危害

水库的淤积不仅会影响水库的综合效益，而且还对水库的上下游地区造成严重的后果。其表现为以下几方面：

（1）由于水库淤泥、库容减小，水库的调节能力也随之减小，从而降低甚至丧失防洪能力。

（2）加大了水库的淹没和浸没。

（3）使有效库容减小，降低了水的综合效益。

（4）泥沙在库内淤积，使其下泄水流含沙量减小，从而引起河床冲刷。

（5）上游水流挟带的重金属等有害成分淤积库中，会造成库中水质恶化。

二、水库泥沙淤积与冲刷

（一）淤积类型

水流进入库内，因库内水的影响，可表现为不同的流态，一种为壅水流态，即入库水流流速由回水端到坝前沿程减小；另一种是均匀流态，即挡水坝不起壅水作用时，库区内的水面线与天然河道相同时的流态。均匀流态下水流的输沙状态与天然河道相同，称为均匀明流输沙流态。均匀明流输沙流态下发生的沿程淤积称为沿程淤积；在壅水明流输沙下发生的沿程淤积称为壅水淤积。含沙量大细颗粒多，进入壅水段后，潜入清水下面沿库底继续向前运动的水流称异重流，此时发生的沿程淤积称为异重流淤积。当异重流行至坝前而不能排出库外时，则浑水将滞蓄在坝前的清水下形成浑水水库。在壅水明流输沙流态中，如果水库的下泄流量小于来水量，则水库将继续壅水，流速继续减小，逐渐接近静水状态，此时未排除库外的浑水在坝前滞蓄，也将形成浑水水库，在深水水库中，泥沙的淤积称为深水水库淤积。

（二）水库中泥沙淤泥形态

泥沙在水库中淤积呈现出不同的形态（纵坡面及横坡面的形态）。纵向淤积有三种，即三角洲淤积、带状淤积、锥体淤积。

1.三角洲淤积

泥沙淤积体的纵剖面呈三角形的淤积形态，称为三角洲淤积，一般由回水末端至坝前呈三角状，多发生于水位较稳定、长期处于高水位运行的水库中。按淤积特征分为四个区段，即尾水部段、顶坡段、前坡段、坝前淤积段。

2.带状淤积

淤积物均匀地分布在库区回水段上，多发生于水库水位呈周期性变化，变幅较大，而水库来沙不多，颗粒较细，水流流速又较高的情况下。

3.锥体淤积

在坝前形成淤积面接近水平，为一条直线，形似锥体的淤积，多发生于水库水位不高、壅水段较短、底坡较大、水流流速较高的情况下。影响淤积形态的因素有水库的运行方式、库区的地形条件和干支流入库的水沙情况等。

（三）水库的冲刷

水库库区的冲刷分溯源冲刷、沿程冲刷和壅水冲刷三种。

1.溯源冲刷

当水库水位降至三角洲顶点以下时，三角洲顶点处形成降水曲线，水面比降变陡，流速加快，水流挟沙能力增大，将由三角顶点起从下游逐渐发生冲刷，这种冲刷称为溯源冲刷。溯源冲刷包括辐射状冲刷、层状冲刷和跌落状冲刷三种形态。

当水库水位在短时间内降到某一高程后保持稳定或当放空水库时会形成辐射状冲刷；如果冲刷过程中水库水位不断下降，历时较长，会形成层状冲刷；如果淤积为较密实的黏性土层时，会形成跌落状的冲刷。

2.沿程冲刷

在不受水库水位变化影响的情况下，由于来水来沙条件改变而引起的河床冲刷，称为沿程冲刷。当库水来水较多，而原来的河床形态及其组成与水流挟沙能力不相应时，会发生沿程的冲刷。它是从上游向下游发展的，而且冲刷强度较低。

3.壅水冲刷

在水库水位较高的情况下，开启底孔闸门泄水时，底孔周围淤积的泥沙，随同水流一起被底孔排出孔外，在底孔前逐渐形成一个最终稳定的冲刷漏斗，这种冲刷称为壅水冲刷。壅水冲刷局限于底孔前，且与淤积物的状态有关。

三、水库淤积防治措施

水库淤积的根本原因是水库水域水土流失形成水流挟沙并带入水库内。所以根本的措施是改善水库水域的环境，加强水土保持。关于水土保持措施已在前述内容中介绍。除此之外，对水库进行合理的运行调度也是减轻和消除淤积的有效方法。

（一）减淤排沙的方式

减淤排沙有两种方式：一种是利用水库水流流速实现排沙，另一种是借助辅助手段清除已产生的淤积。

1.利用水流流态作用的排沙方式

（1）异重流排沙

多沙河流上的水库在蓄水运用中，当库水位、流速、含沙量符合一定条件（一般是水深较大，流速较小，含沙量较大）时，库区内将产生含沙量集中的异重流，若及时开启底孔等泄水设备，就能达到较好的排沙效果。

（2）泄洪排沙

在汛期遭遇洪水时，库水位壅高，将造成库区泥沙落淤，在不影响防洪安全的前提下，及时加大泄洪流量，尽量减少洪水在库区内的滞洪时间，也能达到减淤的效果。

（3）冲刷排沙

水库在敞泄或泄空过程中，使水库水流形成冲刷条件，将库内泥沙冲起排出库外，有沿程冲刷和溯源冲刷两种方式。

2.辅助清淤措施

对于淤积严重的中小型水库还可以采用人工、机械设备或工程设施的措施作为水库清淤的辅助手段。机械设备清淤是利用安在浮船上的排沙泵吸取库底淤积物，通过浮管排出库外，也有借助安在浮船上的虹吸管，在泄洪时利用虹吸管吸取库底淤积泥沙，排到下游。工程设施清淤是指在一些小型多沙水库中，采用一种高渠拉沙的方式，即于水库周边高地设置引水渠，在库水位降低时利用引渠水流对库周滩地造成的强烈冲刷和滑塌，使泥沙沿主槽水流排出水库，恢复原已损失的滩地库容。

（二）水沙调度方式

上述的减淤排沙措施应与水库的合理调度配合运用。在多泥沙河道的水库上将防洪兴利调度与排沙措施结合运用，就是水沙调度，包括以下几种方式。

1.蓄水拦洪集中排沙

蓄水拦洪集中排沙又称水库泥沙的多年调节方式，即水库按防洪和兴利要求的常用方式拦洪集中排沙和蓄水运用，待一定时期（一般为2～3年）以后，选择有利时机泄水放空水库，利用溯源冲刷和沿程冲刷相结合的方式清除多年的淤积物，达到全部或大部分恢复原来的防洪与兴利库容。在蓄水运用时期，还可以利用异重流进行排沙，这种方式宜于河床比降大、滩地库容所占比重小、调节性能好、综合利用要求高的水库。

2.蓄清排浑

蓄清排浑又称泥沙的年调节方式，即汛期（丰沙期）降低水位运用，以利排沙，汛后（长沙期）蓄水兴利。利用每年汛期有利地增长沙子的条件，采用溯源冲刷和沿程冲刷相结合的方式，清除蓄水期的淤积，做到每年基本恢复原来的防洪和兴利库容。

3.泄洪排沙

泄洪排沙即在汛期水库敞开泄洪，汛后按有利排沙水位确定正常蓄水位，并按天然流量供水。这种方式可以避免水库大量淤积，能达到短期内冲淤平衡，但是综合效益发挥将受到限制。

根据我国水库的运用经验，水库的运用方式可根据水库的容积沙量比$K_s=V_0/V_s$（V_0为水库容积，V_s为水库的年来沙量）和容积水量$K_w=V_0/V$（V为年来水量）来初步确定。

当$K_s>50$，$K_w>0.2$时，宜采用拦洪蓄水运用方式。

当$K_s<30$，$K_w<0.1$时，宜采用蓄清排浑运用方式或泄洪排沙。

当$K_s=30\sim50$，$K_w=0.1\sim0.2$时，可以采用前期拦洪蓄水、后期蓄清排浑的运用方式或采用泄洪排沙或蓄清排浑交替使用的运用方式。

一般以防洪季节灌溉为主的水库，由于水库主要任务与水库的排沙并无矛盾，故可以采用泄洪排沙或蓄清排浑运用方式；对于来沙量不大的以发电为主的水库，可采用拦洪蓄水与蓄清排浑交替使用的运用方式。

四、水库的泄洪排沙

（一）泄洪排沙泄量的选择

排沙泄量的大小对滞洪排沙效果有很大影响，排沙泄量过大，泄洪时间短，对于下游行洪防淤不利；排沙泄量过小，则滞洪时间过长，将会造成水库大量淤积。根据一些水库实测资料的分析，排沙、泄量与峰前水量存在下列关系：

$$Q_{sw}=W_w(\eta_{s0}/4000)^{1/0.37} \tag{4-1}$$

式中：η_{s0}——排沙率。

W_w——入库洪水的峰前水量，m^3。

Q_{sw}——第一天平均排沙量，m^3/s。

上式适用于单峰型洪水，涨峰历时不超过12小时的情况。

对于峰高、量大的洪水，如若滞洪历时过长，则漫滩淤积量就大，排沙率就低，根据一些中小型水库实测资料的分析，排沙效率η_{s0}与滞洪历时t（h）之间存在下列关系：

$$\eta_{s0} = 258t^{-1/3} \tag{4-2}$$

（二）泄洪排沙期淤积量

计算滞洪排沙期间的淤积量为：

$$\Delta W_s = W_s - W_{s0} \tag{4-3}$$

式中：W_s——该次洪水的入库沙量，m^3。

W_{s0}——该次洪水的排沙量，m^3。

$$W_{s0} = \eta W_s \tag{4-4}$$

其中，η为排沙比例，等于出库沙量与入库沙量之比。

$$\eta = \eta_w^{1.5} \tag{4-5}$$

其中，η_w为排水比，即出库水量W_0与W_w入库水量之比。

五、水库的异重流排沙

（一）异重流排沙的形成条件

当$L \geqslant Q_s J_0$时，异重流中途消失；当$L < Q_s J_0$时，形成异重流排沙。以上不等式中，L为水库回水长度（km），Q_s为洪峰的平均输沙率（kg/s），J_0为库底比降（‰）。

（二）异重流排沙计算

异重流的淤积和排沙计算有两类方法：一类是挟沙能力计算法；另一类是经验统计法。这里介绍一下经验统计法。

经验统计法是在水库运行管理中，按实测资料建立的异重流传播时间、异重流排沙泄量和异重流排沙比例的经验关系式，估算水库的异重流排沙情况，是比较简便而迅速的方法，在中小型水库管理中被普遍采用。

（1）异重流的传播时间。异重流的传播时间是指异重流从潜入断面运行至坝前的时间，能否准确地掌握这一时间关系，并且是否充分发挥异重流的排沙效果，是水库管理中的重要问题。如果在异重流到达坝前的时刻，能及时开闸泄水，则可将异重流挟带的大部分泥沙排出库外。如若开闸过晚，则异重流到坝前受阻，泥沙将在库内落淤；若开闸过早，则将使库内储存的清水泄出库外，造成浪费。

异重流传播时间与洪峰流量和水库前期蓄水量的关系为：

$$T_0 = 2.2(W_0^{1/2} / Q)^{0.48} \quad (4\text{-}6)$$

式中：T_0——从洪峰通过入库水文站到异重流运行至坝前的历时，h。

W_0——水库前期蓄水量，$10^4 m^3$。

Q——洪峰流量，m^3/s。

（2）异重流的排沙泄量。异重流排沙泄量的选择，直接影响水库的排沙效果。据有关工程实测资料的分析得出，异重流排沙泄量与入库洪水的峰前水量、水库的前期蓄水量和排沙比例存在下列关系：

$$q_0 \leqslant W_1(\eta_e^{0.006W_0} / 4000)^{2.7} \quad (4\text{-}7)$$

式中：q_0——异重流第一日的平均排沙量，m^3/s。

W_1——入库洪水的峰前水量，$10^4 m^3$。

W_0——水库的前期蓄水量，$10^4 m^3$。

η——排沙比例，%，即水库排出的总沙量（m^3）与入库总沙量（m^3）之比的百分率。

（3）异重流的排沙比例。据有关资料分析得异重流的平均排沙比例与河底比降的关系。

$$\eta = 6.4J^{0.64} \quad (4\text{-}8)$$

式中：η——平均排沙比例。

J——原河底比降。

第五节　水库的控制运用

一、水库控制运用的意义

水库的作用是调节径流、兴利除害。但是，由于水库功能的多样性和河川未来径流的难以预知性，使水库在运用中存在一系列的矛盾问题，概括起来主要表现在四个方面：一是汛期蓄水与泄水的矛盾；二是汛期弃水发电与防汛的矛盾；三是工业、农业、生活用水的分配矛盾；四是在水资源的配置和使用过程中产生用水部门及地区间的不平衡而发生的水事纠纷问题。这就要加强对水库的控制运用，合理调度。只有这样，才能在有限的水库资源条件下较好地满足各方面的需求，获得较大的综合利益。如果水库调度同时结合水文预报进行，实现水库预报调度，所获得的综合效益将更大。

二、水库调度工作要求

水库调度包括防洪调度与兴利调度两个方面。在水情长期难以预报还不可靠的情况下，可根据已制定的水库调节图与调度准则指导水库调度，也可参考中短期水文预报进行水库预报调度。对于多泥沙河流上的水库，还要处理好拦洪蓄水与排沙的关系，即做好水沙调度。水库群调度中，要着重考虑补偿调节与梯级调度问题。为做好调度的实施工作，应预先制订水库年度调度计划，并根据实际来水与用水情况，进行实时调度。

水库年调度计划是根据水库原设计和历年运行经验，结合面临年度的实际情况而制订的全年调度工作的总体安排。水库实时调度是指在水库日常运行的面临阶段，根据实际情况确定运行状态的调度措施与方法，其目的是实现预定的调度目标，保证水库安全，充分发挥水库效益。

三、水库控制运用指标

水库控制运用指标是指那些在水库实际运行中作为控制条件的一系列特征水位，它是拟定水库调度计划的关键数据，也是实际运行中判别水库运行是否安全、正常的主要依据之一。

水库在设计时，按照有关技术标准的规定选定了一系列特征水位。主要有校核洪水位、设计洪水位、防洪高水位、正常蓄水位、防洪限制水位、死水位等。它们决定了水库的规模与效益，也是水库大坝等水工建筑物设计的基本依据。水库实际运行中采用的特征水位是水利部颁发的《水库管理通则》中规定的允许最高水位、汛期末蓄水位、汛期限制水位、兴利下限水位等。它们的确定，主要依据原设计和相关特征水位，同时还需考虑工程现状和控制运用经验等因素。当情况发生较大变化，不能按原设计的特征水位运用时，应在仔细分析比较与科学论证的基础上，拟定新的指标，且这些运行控制指标因实际情况还需随时调整。

（一）允许最高库水位

水库运行中，在发生设计的校核洪水时允许达到的最高库水位，它是判断水库工程防洪安全最重要的指标。

（二）汛期限制水位

水库为保证防洪安全，汛期要留足够的防洪库容而限制兴利蓄水的上限水位。一般根据水库防洪和下游防洪要求的一定标准洪水，经过调洪演算推求而得。

（三）汛期末蓄水位

综合利用的水库，汛期根据兴利的需要，在汛期限水位上要求充蓄到的最高水位。这个水位在很大程度上决定了下一个汛期到来之前可能获得的兴利效益。

（四）兴利下限水位

兴利下限水位是指水库兴利运用在正常情况下允许消落到的最低水位。它反映了兴利的需要及各方面的控制条件，这些条件包括泄水及引水建筑物的设备高程，水电站最小工作水头，库内渔业生产、航运，水源保护及要求等。

四、水库兴利控制运用

水库兴利控制运用的目的，是在保证水库及上下游城乡安全及河道生态条件的前提下，使水库库容和河川径流资源得到充分运用，最大限度地发挥水库的兴利效益。水库兴利控制运用是水利管理的重要内容，其依据是水库兴利控制运用计划。

（一）编制控制运用计划的基本资料

编制水库兴利控制运用计划需收集下列基本资料。

（1）水库历年逐月来水量资料。

（2）历年灌溉、供水、发电、航运等用水资料。

（3）水库集水面积内和灌区内各站历年降水量、蒸发量资料及当年长期气象水文预报资料。

（4）水库的水位与面积、水位与库容关系曲线。

（5）各种特征库容及相应水位，水库蒸发、渗漏损失资料。

（二）水库年供水计划的编制

1.编制年度供水计划的内容

编制年度供水计划的内容主要是估算来水、蓄水、用水，通过水量平衡计算拟定水库供水方案。

2.编制方法

目前常用的编制方法有两种：一是根据定量的长期气象及水文预报资料估算来水和用水过程，编制供水计划；二是利用代表年与长期定性预报相结合的方法。其中以第一种方法最为常用，其计算方法如下。

（1）水库来水量估算

降雨径流相关法。根据预报的各月降雨量b由月降雨量径流相关图查得月径流深度h，即可按下列计算各月来水量。

$$W=0.1hF \tag{4-9}$$

式中：W——月来水量，10^4m^3。

h——月径流深度，mm。

F——水库集水面积，km^2。

月径流系数法。根据预报的各月降雨量b和各月的径流系数a，按下式计算各月来水量。

$$W=0.1abF \tag{4-10}$$

式中：b——预报的月降雨量，mm。

a——径流系数。

具有长期水文预报的水库，可直接预报各月径流量。

（2）水库供水量估算

灌溉用量的计算如下。

①逐月耗水定额法。

$$W = \frac{(M - 0.667\beta c)A}{\eta} \quad (4-11)$$

式中：W——各月灌溉用水量，10^4m^3。

M——作物月耗水定额，m^3/亩。

A——灌溉面积，10^4亩。

β——降雨的田间有效利用系数。

c——田间月降雨量，mm。

V——渠系水有效利用系数。

②固定灌溉用水量法。对于北方地区的旱作物，各年灌溉用水量差别不大，各年同一月份的灌溉用水量可以采用一常量。

（3）水库损失水量估算

$$W_0 = 1000(h_w - h_e)(A - a) \quad (4-12)$$

式中：W_0——水库月蒸发损失水量，m^3。

h_w——月水面蒸发水层深度，mm。

h_e——原来陆地面蒸发水层深度，mm。

A——水库月平均水面积，km^2。

a——建库前库区原有水面面积，km^2。

水库的渗漏损失量。水库的渗漏损失与水库的水文地质条件有极大的关系，可按规定进行估算。

（4）兴利调节计算

水库兴利调节计算的基本原理是：某时段入库水量与出库水量（包括各部门的用水量、汛期的弃水量和损失水量）之差，应等于该时段水库增蓄的水量。即：

$$\Delta W_e - \Delta W_u - \Delta W_f = \pm\Delta W \quad (4-13)$$

式中：ΔW_e——某计算时段水库的来水量，m^3。

ΔW_u——同一时段的出库水量（包括各部门的用水量、汛期的弃水量和损失水量），m^3。

ΔW_f——同一时段水库的损失量，m^3。

ΔW——同一时段水库蓄水量的变化，m^3；“+”号表示蓄水量增加，“–”号表示蓄水量减少。

五、水库防洪控制运用

水库防洪调度是指利用水库的调蓄作用和控制能力，有计划地控制、调节洪水，以避免下游防洪区的洪灾损失和确保水库工程安全。

为确保水库安全，以充分发挥水库对下游的防洪效益，应每年在汛前编制好水库汛期控制运用计划。防汛控制运用计划应根据工程实际情况，对防洪标准、调度方式、防洪限制水位进行重新确定，并重新绘制防洪调度图。

（一）防洪标准的确定

对实际工程状况符合原规划设计要求的，应执行原规划设计时的防洪标准。对由于受工程质量、泄洪能力和其他条件的限制，不能按原规划设计标准运行的，就应根据当年的具体情况拟定本年度的防洪标准和相应的允许最高水位，在拟定时应考虑以下因素：

（1）当年工程的具体情况和鉴定意见，水库建筑物出现异常时对规定的最高防洪位应予以降低。

（2）当年上、下游地区与河道堤防的防洪能力及防汛要求。

（3）新建水库未经过高水位考验时，汛期最高洪水位需加以限制。

（二）防洪调度方式的确定

水库汛期的防汛调度是水库管理中一项十分重要的工作。它不但直接关系水库安全和下游防洪效益的发挥，而且也影响汛末蓄水和兴利效益的发挥。要做好防汛调度，必须重视并拟定合理可行的防洪调度方式，包括泄流方式、泄流量、泄流时间、闸门启闭规则等。

水库的防洪调度方式取决于水库所承担的防洪任务、洪水特性和各种其他因素。按所承担的防洪任务要求分为以下两方面：①以满足下游防洪要求的防洪调度方式；②以保证水库工程安全而无下游防汛任务要求的防洪调度方式。

1.下游有防洪要求的调度

下游有防洪要求的调度包括固定泄洪调度方式、防洪补偿调度方式、防洪预报调度方式三种。

（1）固定泄洪调度

对于下游洪区（控制点）紧靠水库、水库至防洪区的区间面积小、区间流量不大或者变化平稳的情况，区间流量可以忽略不计或看作常数。对于这种情况，水库可按固定泄洪方式运用。泄流量可按一级或多级形式用闸门控制。当洪水不超过防洪标准时，控制下游河道流量不超过河道安全泄量。对防洪渠只有一种安全泄量的情况，水库按一种固定流量泄洪，水库下游有几种不同防洪标准与安全泄量时，水库可按几个固定流量泄洪的方式运用。一般多按“大水多泄，小水少泄”的原则分级。有的水库按水位控制分级，有的水库按入库洪水控制流量分级。当判断来水超过防洪标准时，应以水工建筑物的安全为主，以较大的固定泄量泄水，或将全部泄洪设备敞开泄洪。

（2）防洪补偿调度（或错峰调度）方式

当水库距下游防洪区（控制点）较远、区间面积较大时，则对区间的来水就不能忽略，要充分发挥防洪库容的作用，可采用补偿（或错峰调度）方式。所谓补偿调节，就是指水库的下泄流量加上区间来水，要小于或等于下游防洪控制点允许的安全泄流量$q_{安}$。为使下游防洪控制点的泄流量不超过$q_{安}$，水库就必须在区间洪水通过防洪控制点时减少泄流量。

错峰调节是指当区间洪水汇流时间太短，水库无法根据预报的区间洪水过程逐时段地放水时，为了使水库的安全泄流量与区间洪水之和不超过下游的安全流量，只能根据区间预报可能出现的洪峰，在一定时间内对水库关闸控制，错开洪峰，以满足下游的防洪要求。这实际上是一种经验性的补偿。

（3）防洪预报调度是利用准确预报资料进行调度工作的一种方式

对已建成的水库考虑预报进行预泄，可以腾空部分防洪库容，增加水库的防洪能力或更大限度地削减洪峰保证下游安全。对具有洪水预报技术和设备条件，洪水预报精度和准确性高，且蓄泄运用较灵活的水库可以采用防洪预报调度。短期水文预报一般指降水径流预报或上下站水位流量关系的预报，其预期不长，但精确度较高、合格率较高，一般考虑短期预报进行防洪调度比较可靠。

根据防洪标准的洪水过程，按照采用的洪水预报预见期及其精度，进行调洪演算。调洪演算所用的预泄流量是在水库泄流能力范围内且不大于下游允许泄流量的流量。如果下游区间流量比较大时，应该是不超过下游允许泄流与区间流量的差值。通过调洪演算即可求出能够预泄的库容及调洪最高水位。

2.下游无防洪要求的调度

当下游无防洪要求时，应以满足水库工程安全为主进行调度。包括正常运行方式、非常运行方式两种情况的泄流方式，可采用自由泄流或变动泄流的方式进行。

（1）正常运用方式

可以采用库水位或者入库流量作为控制运用的判断指标。按照预先制定的运行方式（一般为变动泄流，闸门逐渐打开）蓄泄洪水，控制水位不高于设计洪水位。

（2）非常运用方式

当水库水位达到设计洪水位并超过时，对有闸门控制的泄洪设施，可以打开全部闸门或按规定的泄洪方式泄洪（多为自由泄流方式或启动非常泄洪道等方式），以控制发生校核洪水时库水位不超过校核洪水位。

3.闸门的启闭方式

（1）集中开启

集中开启就是一次集中开启所需的闸门个数及相应的开度。这种方式对下游威胁较大，只有在下游防洪要求不高，或水库自身安全受到威胁时才考虑采用。

（2）逐步开启

有两种情况：一种是对安全闸门而言，分序开启；另一种是对单个闸门而言，部分开启。如何开启主要根据下泄洪水流量大小来确定。

（三）防洪限制水位的确定

防洪限制水位在规划设计时虽已明确，但水库在汛期控制阶段，还必须根据当年的情况予以重新确定调整。一般应考虑工程质量、水库防洪标准、水文情况等因素来确定。

对于质量差的应降低防洪限制水位运行；问题严重的要空库运行；对于原设计防洪标准低的水库在汛期应降低防洪限制水位，以提高防洪标准；对于库容较小而上游河道枯季径流相对较大，在汛期后短期内可以蓄满的水库，则防洪限制水位可以定得低一些。

在汛期内供水有明显分期界限的，为了充分发挥水库的防洪及综合效益，在一定条件下可使防洪库容与兴利库容相结合使用，并根据预报信息提前预泄洪水或拦蓄洪尾等。对此可以采取分期防洪限制水位进行分期调度，即将汛期分为不同的阶段，分别计算各阶段洪量和留出不同的防洪库容，进而确定各阶段的防洪限制水位，分期蓄水，逐步抬高防洪限制水位。

分期防洪限制水位的确定方法有两种。

（1）从设计洪水位反推防洪限制水位。将汛期划分为几个时段后，根据各分期的设计洪水，从设计洪水位（或防洪高水位）开始按逆时序进行调洪计算，反推各分期的防洪限制水位及调节各分期洪水所需的防洪库容。

（2）假定不同的分期防洪限制水位，计算相应的设计洪水位，综合比较后确定各分期的防洪限制水位。对每一个分期设计洪水拟定几个防洪限制水位，然后对每个防洪限制水位按规定的防洪限制条件和调洪方式，对分期设计洪水进行顺时序的调洪计算，求出相应的设计洪水位、最大泄流量和调洪库容。最后综合分析后确定各分期的防洪限制水位。

（四）汛期防洪调度图

水库汛期防洪调度图是防洪调度工作的工具，只要根据水库的水位在调度图中所处的位置，就可以按相应的调度规则确定该时刻的下泄流量。防洪调度图可以确定整个汛期的调洪方式。防洪调度图由防洪限制水位线、防洪调度线、各种标准洪水的最高调洪水位线和由这些线所划分的各级调洪区所组成，根据调洪库容与兴利库容结合的情况，介绍以下两种。

1.防洪和兴利库容完全结合的调度图

防洪和兴利完全结合的调度图分三种情况。

（1）防洪库容是兴利库容的一部分（部分重叠）。

（2）防洪库容与兴利库容全部重叠。

（3）兴利库容是防洪库容的一部分。

调洪库容与兴利库容完全结合，故正常蓄水位与设计洪水位或防洪高水位相同，或低于设计洪水位或防洪高水位，而防洪限制水位可能等于死水位也可能高于死水位。防洪调度线是根据设计洪水过程线从洪水出现时刻（洪水出现可能最迟时间）开始，由防洪限制水位进行调洪计算所求得的水库蓄水位过程线，它也表示汛期各个时刻为满足防洪要求所必须预留库容的指导线。基本调度线是根据设计枯水年的来水，经调节计算，在满足发电及其他兴利要求的情况下绘制的水位过程线，因此它必须位于防洪调度线的下侧。在汛期前，水库的兴利蓄水位不得超过防洪限制水位和防洪调度线。如果洪水时期水库的水位被迫超过防洪限制水位和防洪调度线，则应根据一定标准确定的调洪规则来控制水库的泄流量，使水库水位回落到防洪限制水位和防洪调度线上来。

2.调洪库容与兴利库容不结合

这种方法适用于在水库控制流域面积较小、洪水出现的时期和洪水的大小无规律的情况，此时调洪库容和兴利库容分别设置，汛期防洪限制水位位于水库正常蓄水位上，预留全部调洪库容以拦蓄随时可能出现的洪水。

（五）做好水文气象预报工作

做好水文气象预报工作对于汛期的防汛调度十分重要，比如，采用预泄或延泄措施，要依据预报有无大洪水发生来确定；提前预泄或蓄水，也应根据预报的预见期，结合当时库水位及下游允许泄量来确定。

汛期水库水位应按规定的防洪限制水位进行控制。为了减少弃水，可根据水情预报条件、洪水传播时间和泄洪能力大小，使水库水位稍高于当时防洪限制水位，通过兴利用水逐渐消落，但要确有把握在下次洪水到来前将库水位消落到防洪限制水位。对于没有预报条件、洪水传播时间短和泄洪能力小的水库，不宜这样运行。

第五章　水库运行调度管理

第一节　水库调度规程及工作制度

水库调度直接关系到工程安全和水库综合效益的发挥，对人民生命财产和国民经济有重大影响。要搞好水库调度，保证运行调度方案和计划的实施，必须按照《中华人民共和国水法》《中华人民共和国防洪法》《水库大坝安全管理条例》《水库调度规程编制导则（试行）》等国家有关方针政策，结合水库实际情况，制定出科学合理的调度规程和严格的工作制度，经上级主管部门或机构审批后执行。

一、调度规程

水库调度规程主要包括：水利枢纽工程概况，如工程组成及主要设备、工程特征值，所承担的防洪发电及其他综合利用任务和相应的设计标准及设计指标，水库运行调度所必需的其他基本资料和依据等；水库运行调度的基本原则，水库调度技术管理的工作内容，有关编制运行调度方案（包括有关工程特征值、指标的复核计算及相应的调度方法、调度函数或调度图表及调度规则的选定）的一般要求和规定；有关年度计划编制与实施的一般意见和可能采取的措施；有关水库工程观测、水文、水情测报及水文气象要素预报的要求；水库调度的通信保障及水库调度工作制度等。总之，调度规程是水库运行调度原则的具体体现，是编制和实施水库运行调度方案和计划的具体要求，是水库技术管理和法制管理的基本依据。水库调度规程中涉及的防洪、发电等兴利调度问题许多已在前面有关章节做了论述，下面仅补充在规程中对兴利调度实施的几点要求：

（1）为充分利用水能资源和水资源，保证供水期供电和供水，汛末应抓紧有利时机，特别要善于抓住最后一次洪水的控制调度，尽量使水库多蓄水。为此，要根据来水趋势和汛期结束的迟早，确定最后一次蓄水的开始时间。当汛末来水较少时，要注意节约用水，不能盲目加大水电站出力和供水，使水库在水电站保证出力和对其他用水部门保证供水的条件下，争取汛末尽量蓄至调度方案和计划规定的水位。

（2）当进行预报调度时，要随时掌握预报来水、水库蓄水、电力系统用水和各部门用水的具体情况，加强计划发电和供水。当实际来水与年初预报来水相比出入不大时，一般可按原计划的预报调度方式调度。如果水库实际蓄水与预报调度方式相应地库水位偏离较大，应根据当前时期的预报来水，修正后期的发电和其他兴利供水计划及水库调度方式。

（3）丰水年份和丰水期的运行调度，要注意及时加大出力，争取多发电少弃水。但当提前加大出力时，应考虑到以后可能来水偏少的趋势，要随时了解和掌握水文气象预报信息，灵活调度，力争做到既有利于防洪，又可多蓄水、多发电。

（4）枯水年份及枯水期的运行调度，主要应做到保证重点，兼顾一般。要本着开源节流的原则，充分挖掘潜力，节约用水，合理调度，使水库尽量在较高水位下运行，尽量使水电站及其他用水部门的正常工作不被破坏或少破坏。

（5）对多年调节水库，为预防可能发生连续若干年枯水的情况，每年应在水库中留有足够储备水量，合理确定每年的消落水位。若多年库容已全部放空，又遇到特枯年份，一般不允许动用死水位以下的库容。

二、工作制度

水库调度的工作制度主要包括以下几点。

（一）组织、审批、执行及请示报告制度

实际水文气象条件、工程运用情况、用电、用水及其他综合利用要求等在运行期间可能发生重大变化，当水电站及其水库的工程特征值和设计指标（如水库防洪限制水位、防洪及调洪库容、正常蓄水位、死水位、水电站保证出力及其他

兴利保证供水等）不符合实际情况时，上级主管机关应组织水库管理单位、设计部门及其他有关单位，复核修改、编制相应的水库运行调度方案。所复核修改、编制的成果，属跨省电网内的大型水利枢纽，报中央有关部委批准，并报有关省（自治区、直辖市）人民政府备案；属地方管理的水库，经省（自治区、直辖市）人民政府批准，报中央有关部委备案。一般情况下，设计特征值和指标的复核及相应运行调度方案的编制每5～10年进行一次。

在上年末或当年初或蓄水期前，上级主管机关应组织所属电网内水电站及水库管理单位编制当年发电计划和水库调度计划，所编制成果的报批程序同上所述。

对于上级下达的有关指示、决定及审批的调度方案和年度计划、指标等，水库管理单位必须认真执行。在执行中要坚持请示汇报制度。在特殊情况下，对重大问题的处理，当发生超设计标准洪水时，对泄洪建筑物的超标准运用，非常保坝措施的采取等，事先要及时请示，事后要及时汇报。

（二）技术管理及运行值班制度

各水库必须设置专门机构从事水库调度的各项工作，如运行调度方案及年度计划的编制、日常调度值班业务，调度工作总结、资料的收集整理与保管，水情测报和水文气象预报等。各项技术管理工作要在管理单位技术行政负责人的统一领导下，各级分工负责。要加强岗位责任制，严格遵守工程管理的各项规章制度。要建立常年（特别是汛期）的调度值班制度，值班人员要掌握雨情、水情、工程变异情况，水库供水和水电站发电情况，做好调度日志及各项运行调度数据的记录、整理统计等工作，及时向上级汇报运行调度中出现的有关情况，负责和有关单位联系，要坚持交接班制度。对有关技术资料和文件要建立严格的检查、审批和保管制度，这些文件和资料主要有以下几个方面：

（1）运行调度中记录、整理和统计的上下游水位、出入库流量、雨量、蒸发量、渗漏量、水温、泥沙、水质及各部门用水、水电站水头、出力和发电量等各项指标数据。

（2）所编制的水库运行调度方案、历年发电和调度计划、各种计算成果。

（3）水文气象预报和水情测报成果及其他有关技术文件、科研成果、工作总结等。有关重要计算成果和调度处理意见应经单位领导审查签署。

（三）与有关单位和部门的联系制度

为了互通信息，密切配合，加强协作，搞好水库调度，水库管理单位应主动与水库上下游地方政府、防汛机构、上级水利主管部门、原设计单位、水文气象部门、各用水部门及交通、通信等有关单位和部门建立联系制度，必要时达成协议，共同遵守执行。

（四）总结制度

为了评定和考核水库的运行调度效益，不断提高运行调度水平，应建立水库运行调度总结制度。总结可在汛后或年末进行，总结内容主要包括以下几点：

（1）当年来水（包括洪水、年水量及年内变化情况）防汛、度汛、供水、发电情况。

（2）水文气象预报成果及其误差。

（3）实际运行调度（包括防洪调度和兴利调度）指标与原计划指标的比较。

（4）防洪、发电及其他兴利等效益的评定。

（5）本年度运行调度工作的经验教训及对下年度水库调度的初步意见、建议等。水库运行调度总结要及时上报和存档。

第二节　水库调度方案的编制

为了实现水库合理的或最优的运行调度，首先必须编制好相应的运行调度方案和运行调度计划。水库运行调度方案是在将来若干年内对水电站经济运行及其水库最优调度起指导作用的总策略和总计划。运行调度计划是运行调度方案在每一面临年份的具体策略或具体实施安排。本节先介绍水库运行调度方案编制的有关问题。

一、方案编制的基本依据

在编制水库运行调度方案和调度计划时，必须收集、掌握以下有关资料和信息，作为编制的基本依据：

（1）国家的有关方针、政策，国家和上级主管部门颁布的有关法律、法规，如《中华人民共和国水法》《中华人民共和国防洪法》《水库调度规程编制导则（试行）》等有关水利管理方面的各种条例、通则、标准、规定、通令、通知、办法以及临时下达的有关指示等文件。这些文件是加强水库科学管理和法制管理的基本依据，对提高其运行管理水平和效益有直接指导意义，必须严格认真贯彻执行。

（2）水利枢纽和水库的原规划设计或复核资料，如规划报告、设计书、计算书及设计图表等。

（3）水利枢纽和水库的建筑物及机电设备（如大坝，泄水及取引水建筑物、闸门及其启闭设备，水电站厂房及其动力设备等）的历年运行情况和现状的有关资料。

（4）电力负荷和国民经济各有关部门防洪和用水要求等方面的资料。这些资料与设计时相比可能发生变化，应从多方面通过多种途径获取。

（5）水库所处河流流域及其水库的自然地理、地形、生态和水文气象等资料。如地形图、流域水系、主河道纵剖面图、水库及库区蒸发、渗漏、淹没、坍塌、回水影响范围、土地利用、陆生和水生生物种类分布、社会经济、人群健康、污染源等资料，历年已整编刊印的水文、气象观测统计资料，河道水位—流量关系曲线、水库特性、现有水文、气象站网分布和水情测报及水文气象预报信息等有关资料。

（6）水库以往运行调度的有关资料。包括过去历次编制的运行调度方案和年度计划；历年运行调度总结及实际记录、统计资料，如上下游水位，水库来水，水库泄放水过程及各时段和全年的水量平衡计算、洪水过程及度汛情况、水电站水头、引用流量及出力过程和发电量，耗水率以及其他部门资料等；有关运行调度的科研成果和试验资料等。

二、方案编制的内容

为了选定合理的水库运行调度方案，必须同时对所依据的基本资料、水库的防洪和兴利特征值（参数）、主要水利动能指标进行复核计算。所以，运行调度方案编制的内容应当包括以下三点：

（1）在基本资料方面，重点要求进行径流（包括洪水、年径流及年内分配）资料的复核分析计算。

（2）在防洪方面，要求选定汛期不同时期的防洪限制水位、调洪方式下各种频率洪水所需的调洪库容及相应的最高调洪水位、最大泄洪流量等防洪特征值和指标。

（3）在发电、灌溉、水运、给水、养殖等兴利方面，要求核定合理的水库正常蓄水位、死水位、多年调节水库的年正常消落水位及相应的兴利库容与年库容，选定有效的水库调度方法，拟定水库调度规则及建立相应的调度函数或编制相应的水库调度图、表，复核计算有关的水利动能指标，阐明这些指标与水库特征值的关系等。

三、方案编制的方法和步骤

编制和选定运行调度方案可采用优化法或方案比较法，其中优化法有很多优点，在水库调度中已得到广泛使用，但使用更普遍的是方案比较法（在若干可行方案中选择比较合理的较好方案）。下面重点介绍方案比较法编制水库兴利运行调度方案的步骤：

（1）拟订比较方案。按照水库所要满足防洪、发电及其他综合利用要求的水平和保证程度，一定坝高下的调洪库容、兴利库容的大小和二者的结合程度，水库运行调度方式等因素的不同组合，运行调度方案可能多种多样，严格来说，可有无穷多个不同的组合方案，因此必须从中拟订较为合理的可行方案作为备选的比较方案。

（2）选择各比较方案的水库调度方法（可用常规调度法，也可用优化调度法），拟定各方案的调度规则，计算和建立相应的调度函数或编制相应的调度图、表。这是运行调度方案编制的核心内容之一。

（3）按各比较方案选择的调度方法、调度规则、调度函数或调度图表，根据水库长系列来水资料，复核计算水电站及其水库的水利动能指标。如水电站保证出力和对其他兴利部门的保证供水流量及相应的正常工作保证率下水电站的多年平均年发电量以及耗水率、水库蓄水保证率、水电站装机利用小时数、水量利用系数等。

（4）按照水库调度基本原则，对各比较方案的水利动能指标和其他有关因素，进行综合分析和比较论证，选定一个较为合理的、较好的水库运行调度方案。

第三节　水库度汛计划的编制

一、水库防洪调度方案的编制

水库防洪调度方案是指导水库进行防洪调度的依据，是完成防洪任务的基本措施。在水库的规划设计阶段和运行期间都需要编制防洪调度方案。规划阶段的编制工作结合水库调洪参数的选择完成；运行调度期间则根据实际情况的变化每隔若干年编制一次。编制防洪调度方案必须体现防洪调度原则。下面论述运行水库防洪调度方案编制的基本依据、方案的主要内容和编制的方法步骤。

（一）防洪调度方案编制的基本依据

水库防洪调度方案编制的主要依据有：国家的有关法规、方针政策及上级关于防汛工作和水库调度的指示文件；水库及水电站的原设计资料；水库防洪任务、兴利任务及相应的设计标准；水工建筑物及其设备等的历年运行情况和现状；水库面积、容积特性曲线和回水曲线、泄流特性曲线及各种用水特性曲线等；水库设计防洪调度图、洪水资料和水文气象预报资料等。

（二）防洪调度方案的主要内容

防洪调度方案的内容视各水库的具体情况而定，一般应包括：阐明方案编制目的、原则及基本依据，在设计洪水复核分析计算的基础上核定水库调洪参数和最大下泄流量，核定水库调洪方式和调洪规则，核定或编制防洪调度图及提出防洪调度方案的实施意见等。

（三）防洪调度方案编制的方法步骤

防洪调度方案各项内容之间与兴利调度方案之间关系密切，影响因素甚多，因此方案编制比较复杂，有时要有一个由粗到细的反复过程。对运行水库来说，大坝高程是已定的，校核洪水位和泄洪建筑物的型式与尺寸一般也是确定的；上游的移民标准洪水位也是已定的。在这种条件下，防洪调度方案编制的一般方法及步骤如下：

（1）在分期洪水特性分析的基础上，研究进行分期洪水调度的可能性和防洪与兴利结合的程度，确定汛期各分期的分界日期，研究各分期洪水的分布特性，根据各种防洪标准（如上下游防洪标准、大坝设计标准和校核标准等）推求各分期相应的设计洪水。

（2）根据上下游防洪要求及泄洪建筑物的型式和尺寸，拟定水库控泄的判别条件及相应的调洪规则。

（3）对汛期各分期分别拟订若干防洪限制水位Z_{FX}方案：对每一个Z_{FX}方案，用各种频率的洪水，按所拟定的判别条件及相应的调洪规则进行顺时序调洪计算，求出各种频率洪水下的最高水位Z_m和最大下泄流量q_m。

（4）根据所拟订的各Z_{FX}值以及用各种频率洪水计算求得的与之相应的Z_m值，绘制$Z_{FX}\sim Z_m$关系线。每一分期这种关系线的数目与水库防洪标准的数目相应。该水库汛期分为前汛期（4～6月）和后汛期（7～9月），根据上下游防洪要求采用5个设计防洪标准，相应的洪水频率为P_{F1}=20%（下游防洪标准），P_{F2}=10%（上游防洪标准），P_{F3}=5%（移民标准），P_{SJ}=0.1%（设计洪水标准）及P_{XH}=0.02%（校核洪水标准）。这样，每个分期各有5条$Z_{FX}\sim Z_m$关系线。

（5）确定各分期防洪限制水位Z_{FX}。各分期的Z_{FX}可根据给定的校核洪水位Z_{XH}及上游移民标准洪水位Z_{F3}，利用各分期的$Z_{FX}\sim Z_m$关系线，并结合考虑有关因素经综合分析确定。根据图5-1已知的Z_{XH}=172.7m和Z_{F3}=169.2m在相应的$Z_{FX}\sim Z_m$关系线上能够查得防洪限制水位Z_{FX}：前汛期都为162.6m，后汛期分别为164.6m和164.25m（取低值）。所以，162.6m和164.25m分别为前，后汛期允许的最高防洪限制水位。但考虑到延迟泄洪时间，动库容等对调洪的种种不利因素及开展预报调度等有利因素，要留有一定余地，最终分析确定的Z_{FX}前汛期为162.5m，后汛期为164m。

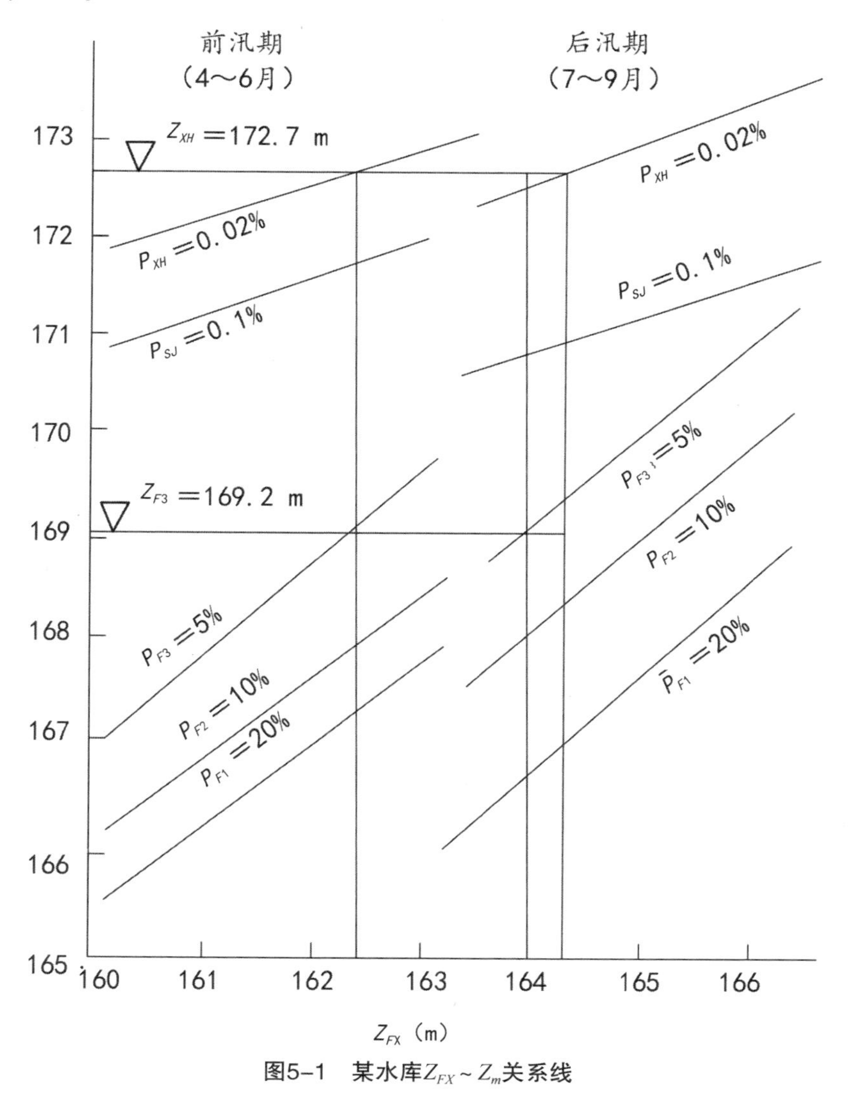

图5-1　某水库Z_{FX}～Z_m关系线

（6）防洪调度核定演算。主要包括：①根据各分期最后确定的Z_{FX}，分别对各种频率设计洪水按与第（3）步同样的方法进行调洪演算，核定与Z_{FX}相应的各种频率设计洪水的最高调洪水位Z_m、调洪库容V_T（或V_F）与最大控制泄量q_m；

②由最后一场洪水的水库蓄水过程线决定防洪调度线；③由汛期初的Z_{FX}与正常蓄水位Z_{ZH}之间的库容决定防洪与兴利结合库容V_1。

（7）绘制水库防洪调度图。由水库各种最高调洪水位Z_m、各分期防洪限制水位Z_{FX}、防洪调度线及由这些线所划分的各调洪区，构成水库防洪调度图。

（8）编写防洪调度方案实施意见，最终形成防洪调度方案文件，并呈报主管部门审批。不宜实施分期防洪调度的水库，其编制方法与分期防洪调度方案的做法完全相同。

二、水库当年度汛计划的编制

由于通信手段的现代化和计算机的广泛应用，目前我国不少大中型运行水库均在不同程度上结合水文气象预报进行水库的防洪预报调度。因此，水库年度防洪调度的实施工作，原则上按照预先编制的防洪调度方案和利用长期水文预报制订的当年防洪度汛计划进行。按照它们规定控制各时期的水库水位和泄量，在具体的防洪调度及操作中，利用中短期预报，分析当时的雨情和水情，在一定范围内灵活地实施操作调度，以求得更大的综合效益。下面介绍实施水库当年度汛计划的一些基本内容。

（一）汛前准备工作

为保证水库本身和上下游防洪安全，汛前必须做好防洪度汛的准备工作。其主要内容有：建立防洪指挥机构，组织防汛抢险队伍，做好水文测站的水情测报准备和洪水预报方案的编制修订；根据当年具体情况，制订当年度汛调洪计划，对水库调洪规程、制度及各种使用图表进行检查，必要时应进行补充修正；对水库工程和设备进行全面检查修理；准备必要的防汛器材和照明通信设备；有计划地将水库水位消落至防洪要求的防洪限制水位等。

（二）水库当年度汛计划的编制

每年汛前，水库调度管理部门应根据水库防洪任务、当年水文气象预报资料及汛期各方面对水库调度提出的要求，按水库防洪调度方案制订符合当年情况的水库度汛调洪计划。这个计划在内容、编制方法及步骤上基本与水库防洪调度方案相同。防洪调度方案是对近期若干年起指导作用的方案，而当年度汛计划则是防洪调度方案在当年的具体体现。当年的度汛调洪计划一般包括如下内容：根据平时工程观测资料和近期质量鉴定的结果、以往运行中达到的最高库水位及其历时和当年库区的有关要求，规定当年水库的允许最高蓄洪水位（一般情况下，它不得高于经核定的设计洪水位）；根据防洪调度方案中核定的设计洪水标准、下游防洪标准及以往运行经验，参考当年水文气象预报资料，确定水库当年各种防洪标准及相应的设计洪水；规定汛期各时期的防洪限制水位、错峰方式及汛末蓄水位等。以上各项，如水库各方面情况无大的变动，可采用防洪调度方案成果；如出现大的变动，则应重新计算确定。

第四节 水库调度的评价与考核

一、水库调度考核目的及意义

中华人民共和国成立以后，为满足社会经济发展的需求，不同开发目标或综合利用水库相继建设完成，这些水库不同程度地承担着发电、防洪、灌溉、防凌、供水、航运、减淤等任务。随着水库的建成投运，如何运用水库完成相关开发任务，最大程度地发挥效益，是一个需要解决的问题。

水库调度考核的目的就在于通过对水库各项运行目标制定合理的运行标准，并采取必要的奖惩手段，激励有关部门和个人采取有效措施，努力实现运行目标。随着电力体制的改革和市场化的推进，水库的经济运行工作将更加重要，因此对水库调度工作进行全面考核是水库调度适应改革、适应市场经济的重要途径和出路。通过水库调度考核，可以提高水库调度人员的专业业务水平，及时总结工作经验，从而促进水库的安全经济及优化运行达到更高水平。

二、发电调度的主要考核指标

目前，发电调度考核采用的主要考核指标包括节水增发电量、水能利用提高率。这两个指标能够较全面地反映水库经济运行状况。

（一）节水增发电量与水能利用提高率

节水增发电量是反映水库经济运行的一项绝对指标，它是考核运行期的实际发电量与理论电量之差。理论电量是指在考核期内，水电站如果按照既定的常规调度图以及有关调度原则运行后可发的电量。

水能利用提高率是反映水库经济运行的一项相对指标，指考核时段水电站节水增发电量占理论发电量的百分比，可用于比较不同水电站之间的经济运行情况。目前已被列为水电站争创一流企业的重要考核指标。

由于不同调节性能水库的节水增发电量能力有明显差异，因此不同水库水能利用提高率的比照标准也不同，表5-1的考核指标仅供参考。

表5-1　水库年度水能利用提高率考核指标

水库调节性能	调度水平优劣		
	优秀	良好	合格
周调节及以下（%）	1.5～2.0	1.0～1.4	0.5～0.9
季、年调节（%）	2.0～3.0	1.5～1.9	0.5～1.4
多年调节（%）	3.0～4.0	2.0～2.9	0.5～1.9

（二）理论电量的计算

计算考核指标的关键是理论电量，而理论电量能否正确计算，取决于基本资料及重要计算参数是否准确。

1.基本资料的收集与重要计算参数的审定

基本资料包括：水库水量损失与水头损失，综合利用用水要求；水库库容、面积、尾水位流量、水头损失、机组出力限制等关系曲线、电站设计保证率与保证出力、水库发电调度图等。

重要计算参数包括：①综合出力系数。各电站可根据历史资料及运行现状科学合理地确定。②水电站负荷率。水电站合理的负荷率与所在电网的结构、电网负荷特性、负荷预测、停机方式、火电实际调峰状况、电价政策、网内其他水电站来水蓄水情况以及水电站本身机组状况、电网的安排等有密切关系。因此，水电站负荷率一般通过对历史资料的认真分析和计算，并经过充分协商和论证确定。

2.“水位差电量”计算问题

所谓“水位差电量”，是指在按调度图或有关调度原则进行理论电量计算时，考核期末的计算水位与实际水位存在差异，因此存在着相应的电量差，即“水位差电量”。根据对“水位差电量”处理方式的不同，分连续计算法和折算计算法。连续计算法不考虑“水位差电量”对考核结果的影响，每个考核期在起算时，都以上一考核期末的计算结果为初始条件进行计算。该方法是目前争议较少的一种计算方法。折算计算法则要考虑“水位差电量”对考核结果的影响，在下一考核期再起算时，以上一考核期末的实际或计算结果为初始条件进行计算。折算时应坚持实际水位向计算水位靠拢的原则。如实际水位高，则应将多余水量按照合理的耗水率折算为电量，并加入考核期实际电量；如实际水位低，则应将超用水量按照合理的耗水率折算为电量，并从考核期实际电量中扣除。折算时所用耗水率应为考核期平均耗水率。使用折算计算法后，应注意对其后效性进行处理。当某水电站确定使用折算计算法进行考核计算时，应根据初始水量差在第二考核期内的实际作用，对第二考核期的实际电量进行必要的修正。

3.理论电量上限问题

每个水电站的可调出力随着水库水位的变化而变化，因此不同水位下的可调出力存在上限值。同时水电站在电网中都不同程度地担负着调峰、调频任务，因此水电站理论电量对应不同水位以及调峰，调频力度具有上限值。所以，在计算水电站理论电量时，考核时期内任何一个计算时段的理论电量应小于或等于该时段内的理论电量的上限值。如果计算的理论电量大于理论电量的上限值，则该计算时段的理论电量取理论电量上限值。

理论电量上限值E_{max}的计算公式为：

$$E_{max}=N_k T_\gamma \tag{5-1}$$

式中N_k——计算时段平均可调出力（kW）；

T——计算时段长（h）；

γ——电站发电负荷率（%）。

（三）不同调节性能水库水能利用考核方法

由于各种水库的规模不同，调节性能差异很大，运行规律也多种多样，因此各种调节性能水库的节水增发电量计算办法也有所差别。

1.日调节性能水库

日调节水库的调节性能较差，在进行发电考核计算时，其水库的调节性可不予考虑。理论计算电量时，上游水位可采用固定值进行计算：如取死水位与正常高水位的平均水位或取近三年上游平均水位，也可根据水库运行具体情况确定计算值。水电站综合出力系数K值可采用前期运行实际结果或采用近三年的平均值进行计算。计算时段应以日为单位。

日理论电量严格按水库出、入库平衡计算，计算公式为：

$$E_{\text{II}} = 24K\left(\overline{Z_{\text{SY}}} - \overline{Z_{\text{XY}}}\right)\overline{Q_{\text{rk}}} \tag{5-2}$$

式中E_{II}——日理论电量（kWh）；

K——综合出力系数；

$\overline{Z_{\text{SY}}}$——水库上游计算考核水位（m）；

$\overline{Q_{\text{rk}}}$——日均入库流量（m^3/s）；

$\overline{Z_{\text{XY}}}$——对应于日均入库流量的下游水位（m）。

按式（5-2）计算的日理论电量如果大于日理论电量的上限值，则应取其上限值。将考核期内所有日理论电量进行累加，即得考核期内的理论电量。

2.季、年调节及其以上性能水库

季、年调节水库计算时段一般为旬，多年调节水库也可采用月。计算理论电量应按照调度图及有关调度原则进行。计算理论电量时，考核期内任何一个计算时段的理论电量应小于或等于该时段内的理论电量的上限值。不过，多年调节水库的综合出力系数K值变化范围较大，因此计算中应考虑水位等因素对K值的影响，并根据考核期具体情况对其加以修正。

3.梯级水库

梯级水库运行存在以下两种情况：一是各自单独运行，各水库运行目标互不影响；二是联合运行，即通过各梯级水库联合运行以完成相关目标任务。对于第一种情况，各水库的水能考核应单独进行，其方法同前。对于实施联合运行的梯级水库，应及时完成梯级联合调度图的编制工作。梯级水库调度考核办法不太成熟，以下是几项考核原则：

（1）梯级中各水库理论电量计算时应使用连续计算办法。

（2）在梯级中起主要调节作用的水库，其考核计算必须按梯级联合调度图及有关梯级调度原则进行理论电量的计算。

（3）梯级中非主要调节性能水库考核计算时，可按梯级调度图及有关梯级调度原则进行计算，也可以作为单一水库进行计算。具体采用哪种办法，视实际情况决定。

（4）由于梯级水库间存在较大的补偿调度效益，因此应根据具体情况，采用合理的计算办法对节水增发电量在各水库间进行公平分配。

（四）提高节水增发电量的有效措施

在任何一项管理工作中，人的主观能动性对工作成效起着举足轻重的作用，水库调度管理也不例外。在实际调度中，调度人员可以通过以下各种有效手段节水增发电量：

（1）建立水库调度自动化系统。建立规模合理、技术先进、运行可靠的水库调度自动化系统，对于调度人员及时掌握各种水情信息并进行准确决策是十分重要的，也是开展节水增发电工作必备的基础工作。

（2）大力开展优化调度工作。在建立水库调度自动化系统的基础上，积极开发针对性强、方便实用的决策支持软件，大力开展水库优化调度工作，努力提高水库运行效益。

（3）做好次洪水节水工作。在一次洪水过程中，抓住预发、满发、拦洪尾三个重要环节（俗称“节水三部曲”），做好次洪水节水增发电工作。预发指洪水未发生时，在已经掌握大量水情、雨情信息并具备准确预报的基础上，提前加大水电站发电量，腾库迎峰；满发是指在洪水过程中，采取一切措施，保证水电机组稳发满发；拦洪尾是指在洪水过程即将结束时，提前关闭泄水闸门，拦蓄洪尾。实践证明，次洪水“节水三部曲”是一项非常有效的节水增发电措施。

（4）梯级联合调度。在梯级水库间实施相互补偿的联合调度，能够充分发挥梯级水库的整体效益，也是提高水能利用率的重要措施之一。

（5）跨流域补偿调度。各流域的水情特征大多不同，来水往往不同步。实际调度中可以充分利用这些差异，积极开展跨流域补偿调度，实现水电大幅增发。

（6）综合手段。结合实际调度经验，不断总结分期控制水库水位，汛前降低库水位、重复利用库容、降低机组空耗，超蓄、超发等有效的节水增发措施和途径，也可取得巨大的社会效益和经济效益。

第六章　大中型引调水工程监理

第一节　概述

大中型引调水工程监理按《水利工程施工监理规范》（SL 288-2014）施行。监理单位应按照国务院水行政主管部门批准的资格等级和业务范围承担监理业务，并接受水行政主管部门的监督和管理。

引调水工程建设项目施工监理应按有关规定择优选择监理单位。监理单位应遵守国家法律、法规、规章，独立、公正、公平、诚信、科学地开展监理工作，履行监理合同约定的职责，应以合同管理为中心，有效控制工程建设项目质量、投资、进度等目标，加强信息管理，并协调建设各方之间的关系。

引调水工程建设项目施工监理应以下列文件为依据：国家和水利部有关工程建设的法律、法规和规章；水利行业工程建设有关技术标准及其强制性条文；经批准的工程建设项目设计文件及其他相关文件；监理合同、施工合同等合同文件。

监理单位应积极采用先进的项目管理技术和手段实施监理工作。监理单位的合理化建议或高效工作使工程建设项目取得显著经济效益，监理单位可按有关规定或监理合同约定，获得相应的奖励。因监理单位的直接原因致使工程项目遭受了直接损失，监理单位应按有关规定或监理合同约定予以相应的赔偿。监理单位为实施施工监理而进行的审核、核查、检验、认可与批准，并不免除或减轻责任方应承担的责任。

第二节 监理组织和监理人员

一、监理单位

监理单位与发包人应依照《水利工程建设监理合同示范文本》签订监理合同。监理单位开展监理工作，应遵守下列规定：严格遵守国家法律、法规、规章和政策，维护国家利益、社会公共利益和工程建设当事人各方合法权益；不得与所承担监理项目的承包人、设备和材料供货人发生经营性隶属关系，也不得是这些单位的合伙经营者；禁止转让、违法分包监理业务；不得聘用无监理岗位证书的人员从事监理业务；禁止采取不正当竞争手段获取监理业务。

监理单位应依照监理合同约定，组建项目监理机构，配置满足监理工作需要的监理人员，并在监理合同约定的时间内，将总监理工程师及其他主要监理人员派驻到监理工地。人员配置如有变化，应事先征得发包人同意。监理单位应按照国家有关规定给工程现场监理人员购买人身意外保险及其他有关险种。

监理单位应建立现代企业制度，加强内部管理，对监理人员进行技术、管理培训，建立监理人员考核、评价、选拔、培养和奖惩制度。监理单位应按有关规定参加年检，并将年检结果通知发包人。两个以上监理单位可成立监理联合体或联营体，共同承揽监理业务。国家和有关部门对联合体或联营体资格有规定的，应遵照其规定。监理联合体各方应明确一个监理单位为责任方。联合体的总监理工程师由责任方派出，联营体的总监理工程师由其法定代表人委托。监理服务范围和服务时间发生变化时，监理合同中有约定的，监理单位和发包人应按监理合同执行；监理合同无约定的，监理单位应与发包人另行签订监理补充协议，明确相关工作、服务内容和报酬。

二、监理机构

监理机构应在监理合同授权范围内行使职权。发包人不得擅自做出有悖于监理机构在合同授权范围内所做出的决定。

监理机构的基本职责与权限应包括下列各项：协助发包人选择承包人、设备和材料供货人；审核承包人拟选择的分包项目和分包人；核查并签发施工图纸；审批承包人提交的各类文件；签发指令、指示、通知、批复等监理文件；监督、检查施工过程及现场施工安全和环境保护情况；监督、检查工程施工进度；检验施工项目的材料、构配件、工程设备的质量和工程施工质量；处置施工中影响或造成工程质量、安全事故的紧急情况；审核工程计量，签发各类付款证书；处理合同违约、变更和索赔等合同实施中的问题；参与或协助发包人组织工程验收，签发工程移交证书；监督、检查工程保修情况，签发保修责任终止证书；主持施工合同各方之间关系的协调工作；解释施工合同文件；监理合同约定的其他职责与权限。

监理机构应制定与监理工作内容相适应的工作制度和管理制度；应将总监理工程师和其他主要监理人员的姓名、监理业务分工和授权范围报送发包人并通知承包人；监理机构进驻工地后，应将开展监理工作的基本工作程序、工作制度和工作方法等向承包人进行交底；应在完成监理合同约定的全部工作后，将履行合同期间从发包人处领取的设计文件、图纸等资料归还发包人，并履行保密义务。

三、监理人员

水利工程建设监理实行注册管理制度。总监理工程师、监理工程师、监理员均系岗位职务。各级监理人员应持证上岗。监理人员应遵守下列规则：遵纪守法，坚持求实、严谨、科学的工作作风，全面履行义务，正确运用权限，勤奋、高效地开展监理工作；努力钻研业务，熟悉和掌握建设项目管理知识和专业技术知识，提高自身素质和技术、管理水平；提高监理服务意识，增强责任感，加强与工程建设有关各方的协作，积极、主动开展工作，尽职尽责，公正廉洁；未经许可，不得泄露与本工程有关的技术和商务秘密，应妥善做好发包人所提供的工程建设文件资料的保存、回收及保密工作；除监理工作联系外，不得与承包人和材料、工程设备供货人有其他业务关系和经济利益关系；不得出卖、出借、转让、涂改、伪造资格证书或岗位证书；监理人员只能在一个监理单位注册，且未经注册单位同意不得承担其他监理单位的监理业务；遵守职业道德，维护职业信誉，严禁徇私舞弊。

水利工程建设监理实行总监理工程师负责制。总监理工程师应负责全面履行监理合同中所约定的监理单位的职责。主要职责应包括主持编制监理规划，制定监理机构规章制度，审批监理实施细则，签发监理机构的文件；确定监理机构各部门职责分工及各级监理人员职责权限，协调监理机构内部工作；指导监理工程师开展工作；负责本监理机构中监理人员的工作考核，调换不称职的监理人员，根据工程建设进展情况，调整监理人员；主持审核承包人提出的分包项目和分包人，报发包人批准；审批承包人提交的施工组织设计、施工措施计划、施工进度计划和资金流计划；组织或授权监理工程师组织设计交底，签发施工图纸；主持第一次工地会议，主持或授权监理工程师主持监理例会和监理专题会议；签发进场通知、合同项目开工令、分部工程开工通知、暂停施工通知和复工通知等重要监理文件；组织审核付款申请，签发各类付款证书；主持处理合同违约、变更和索赔等事宜，签发变更和索赔的有关文件；主持施工合同实施中的协调工作，调解合同争议，必要时对施工合同条款做出解释；要求承包人撤换不称职或不宜在本工程工作的现场施工人员或技术、管理人员；审核质量保证体系文件并监督其实施；审批工程质量缺陷的处理方案；参与或协助发包人组织处理工程质量及安全事故；组织或协助发包人组织工程项目的分部工程验收、单位工程完工验收、合同项目完工验收，参加阶段验收、单位工程投入使用验收和工程竣工验收；签发工程移交证书和保修责任终止证书；检查监理日志，组织编写并签发监理月报、监理专题报告、监理工作报告，组织整理监理合同文件和档案资料。

总监理工程师不得将以下工作授权给副总监理工程师或监理工程师：主持编制监理规划，审批监理实施细则；主持审核承包人提出的分包项目和分包人；审批承包人提交的施工组织设计、施工措施计划、施工进度计划和资金流计划；主持第一次工地会议，签发进场通知、合同项目开工令、暂停施工通知、复工通知；签发各类付款证书；签发变更和索赔的有关文件；要求承包人撤换不称职或不宜在本工程工作的现场施工人员或技术、管理人员；签发工程移交证书和保修责任终止证书。签发监理月报、监理专题报告和监理工作报告。

一名总监理工程师只宜承担一个工程建设项目的工作。如需担任两个标段或项目的总监理工程师时，应经发包人同意，并配备副总监理工程师。总监理工程师可通过书面授权副总监理工程师履行除上述规定外的总监理工程师职责。

监理工程师应按照总监理工程师授予的职责权限开展监理工作，是所执行监理工作的直接责任人，并对总监理工程师负责。主要职责应包括以下各项：参与编制监理规划，编制监理实施细则；预审承包人提出的分包项目和分包人；预审承包人提交的施工组织设计、施工措施计划、施工进度计划和资金流计划；预审或经授权签发施工图纸；核查进场材料、构配件、工程设备的原始凭证、检测报告等质量证明文件及其质量情况；审批分部工程开工申请报告；协助总监理工程师协调参建各方之间的工作关系。按照职责权限处理施工现场发生的有关问题，签发一般监理文件；检验工程的施工质量，并予以确认或否认；审核工程计量的数据和原始凭证，确认工程计量结果；预审各类付款证书；提出交更、索赔及质量和安全事故处理等方面的初步意见；按照职责权限参与工程的质量评定工作和验收工作；收集、汇总、整理监理资料，参与编写监理月报，填写监理日志；施工中发生重大问题和遇到紧急情况时，及时向总监理工程师报告、请示；指导、检查监理员的工作。必要时可向总监理工程师建议调换监理员。

监理员应按被授予的职责权限开展监理工作，其主要职责应包括以下各项：核实进场原材料质量检验报告和施工测量成果报告等原始资料；检查承包人用于工程建设的材料、构配件、工程设备使用情况，并做好现场记录；检查并记录现场施工程序、施工工法等实施过程情况；检查和统计日工情况，核实工程计量结果；核查关键岗位施工人员的上岗资格；检查、监督工程现场的施工安全和环境保护措施的落实情况，发现异常情况及时向监理工程师报告；检查承包人的施工日志和试验室记录；核实承包人质量评定的相关原始记录；当监理人员数量较少时，监理工程师可同时承担监理员的职责。

第三节　保修期的监理工作

一、保修期的起算、延长和终止

（1）监理机构应按有关规定和施工合同约定，在工程移交证书中注明保修期的起算日期。

（2）若保修期满后仍存在施工期的施工质量缺陷未修复或有施工合同约定的其他事项时，监理机构应在征得发包人同意后，做出相关工程项目保修期延长的决定。

（3）保修期或保修延长期满，承包人提出保修期终止申请后，监理机构在检查承包人已经按照施工合同约定完成全部工作，且经检验合格后，应及时办理工程项目保修期终止事宜。

二、保修期监理的主要工作内容

（1）监理机构应督促承包人按计划完成尾工项目，协助发包人验收尾工项目，并办理付款签证。

（2）督促承包人对已完工程项目中存在的施工质量缺陷进行修复。在承包人未能执行监理机构的指示或未能在合理时间内完成修复工作时，监理机构可建议发包人雇佣他人完成质量缺陷修复工作，并协助发包人处理由此发生的费用。若质量缺陷是由发包人或运行管理单位的使用或管理不善造成的，监理机构应受理承包人因修复该质量缺陷而提出的追加费用付款申请。

（3）督促承包人按施工合同约定的时间和内容向发包人移交整编好的工程资料。

（4）签发工程项目保修责任终止证书。

（5）签发工程最终付款证书。

（6）保修期间现场监理机构应适时予以调整，除保留必要的人员和设施外，其他人员和设施可撤离，或将设施移交发包人。

第七章　大中型引调水工程运行管理

第一节　大中型引调水工程运行管理基础

一、概述

引调水工程的运行管理主要包括运行准则、输水控制方式等运行调度管理、通信和监控系统管理、工程安全监测、水利要素监测、水环境监测等监测管理等。本节主要阐述运行准则、输水控制方式等运行调度管理、通讯和监控系统等内容。

二、运行准则

渠道设计必须能适应预期的流量变化而不超越运行准则。运行准则主要有以下方面。

（一）水位波动

（1）应当限制水面波动以防止渠道衬砌破坏和出现不期望的分水口流量变化。对每一个特定的渠段应根据运行经验确定可接受的水位变化值和变化速度，设计中可采用一般的波动限制。

（2）水位上升常常被限制在每小时不超过0.15m，以防止分水口流量的突然改变。当无自流分水口时（即所有分水口都为提水泵站），渠中水位上升的速度可快一些。在渠道充水期，水位升高的速度同样也可以快一些。

（3）为了防止分水流量的突然改变，保护混凝土衬砌免受外水压力的破坏，防止碾压土衬砌断面滑塌，水位下降也应受到限制。允许的水位下降速度依衬砌材料的强度和重量、衬砌下排水设施和渠道断面形状而定。在设计中，每小时下降不应超过0.15m，每24小时下降不应超过0.3m。除了上述下降速度之外，无论对增加或减少，都应根据每一特定渠道的特殊设计条件而定。不透水的或排水不畅的土体作衬砌，对泄降速度的要求更慢。相反，混凝土衬砌的渠道或衬砌下排水条件较好的渠道可允许下降速度快一些。

（二）退水

（1）大多数渠道设有退水口，可使多余水量溢出。弃水准则可能会因为不同的渠道而差异很大，有些渠道中弃水可能不会产生大的影响，所以，弃水准则可以宽松，但有些渠道中则不允许弃水。

（2）许多渠道从河流自流取水，然后，沿河流在较高的高程上行进。渠道中多余的水通过自流退水返回到河流中去。这种情况下，渠道退水时有发生。为了确保向所有用水户充分供水，有时从渠首多调一些水。对于这种类型渠道的运行，合理的泄水准则是限制泄水量占渠道总流量的10%。

（3）在大多数新渠中不希望出现退水的情况。水的有效性、费用或环境因素使得在渠系设计中总是希望弃水最少。通常，当溢出的水流不可回收和不可重复利用或水是由泵站提取时，退水是被禁止的。水被提取后又被溢出是浪费能源。因此，禁止退水是现代渠道的准则之一。

（4）渠道和控制系统设计必须以适当的退水准则为依据。在设计之前应当确定的准则包括：可溢出的水量（占总调水量的百分数）；退水口位置；各退水口的最大退水流量；发生退水时的渠道临界水位和流量；允许的退水频率；退水期间的运行状态。

（三）电力

（1）电力需求和约束影响控制建筑物和设备的设计。第一个准则是保证闸门、泵站、监测、通信和控制硬件供电的电力可靠性。最大电力需求量可以确定输变电和现场电力设备的设计容量。启动电动机所需的电力往往就是最大的电力需求。

（2）峰荷和非峰荷期间的电价是不同的，因此应当建立峰荷和非峰荷期抽水的运行准则。这些准则可能影响类似调节水库等大型建筑物的设计。设计人员必须详细研究断电的后果以及可能对运行造成的影响。

（3）泵站关机准则主要是针对阀门关闭、闸门关闭和退水闸开启而言的，即断电之后，闸门是自动关闭还是保持在原来的位置。

（4）为了确保监测和控制设备的运行，需要考虑后备电源及其费用并确定相关准则。一般情况下，数据采集和通信设备需要蓄电池作为后备电源。

（四）泵站运行

（1）泵站运行准则包括最小运转时间和停机时间、每天开启的泵站数、流量增量的大小和运转时间在泵站机组中的分配。最小运转时间和停机时间是为了确保电动机在持续运转之前得到适当的冷却。

（2）按最小运转时间运行的泵站电动机，在停机5分钟后可重新开启。如果在最小运转时间内停止泵站运行，则在重新开机之前停机时间必须为3倍的最小运转时间。

（3）为了避免泵站机组的不平均磨损，机组采用顺序和轮流运行的方式。为了使机组不必在同一时间内检修，有时故意安排机组运行以引起不平均磨损。这类准则包括：先开机者先关机，运行时间最长的机组最先关机，停机时间最长的机组最先开机；小机组在大机组之前运转，较小机组总是在较大机组之前开机和关机，以最少开启大型机组；制定机组轮流次序，机组的开启和关闭周期性改变。

（4）流量变化增量的最大值准则将影响泵站设计。由于在渠道中会引起大流量失配，因此大型定速泵站是不适用的。如果要使流量发生较小的改变，则可选择小型定速或变速泵站。

（五）响应时间

（1）系统响应时间准则将影响各类建筑物设计和控制系统的性能。紧急情况和对其慢速响应的结果将确定允许应急延时的长短。对于具有退水口的自流渠系不一定要求快速响应，但是，对具有在线式泵站和没有退水设施的渠系而言，则快速响应十分关键。

（2）在确定响应时间之前，应该对以下问题进行全面分析：把手动控制作为断电期间的自动控制系统的后备手段，是否需要安装备用电源；是否每天24小时都需要运行人员现场值班；自动控制对紧急情况的响应是否应当程序化，还是手动操作；报警系统的范围。

（3）响应时间取决于控制方式。当手动控制是断电期间闸门运行的唯一方法时，延时可能是几小时，渠道管理人员到达每一座控制建筑物要花一定的时间。如果备有备用电源，延时可能仅仅持续几分钟。

（六）闸门运行准则

闸门运动是指每小时最多调节的闸门数量、最小运动增量、闸门运动速度和每周闸门运动的总数。这些准则对选择闸门电动机和传动装置有影响。自动控制的闸门运动比手动控制的闸门运动要频繁得多，需要的电动机也更昂贵。此外，通过设置准确的和最小的闸门运动增量，可以把渠道水流控制在既定的限度之内。

（七）运行准则的风险评估

确定运行准则必须考虑风险存在。有限的风险总是存在的，因此在确定可行准则时，必须充分估计到失事后的风险和后果。统计资料可用于预测洪水等严重的自然灾害。横向排洪建筑物、渠堤、侧堰、溢洪道等的设计取决于预测的洪水流量。同样，控制系统设计也应该如此，设计人员必须反复权衡失事频率与工程投资这两个因素，既要尽量避免工程事故，又不能使工程投资过大。例如，如果失事的后果不是十分严重，渠道建筑物可按25年一遇洪水设计。失事后的修复可能比防止失事所需的费用少一些。在城市或环境敏感地区，可按100年一遇洪水设计。

第二节　大中型引调水工程运行控制

一、输水控制方式

根据明渠水力学原理，渠道运行主要是调节渠中水流变化。在新渠设计中渠道如何运行是未知的，必须对其进行设计和优化。因此，工程人员应当在设计各类建筑物之前对渠系运行做出设计。可供渠道设计人员选择的运行调度方案较多，使得设计过程更为复杂。因为可选方案较多，才更有可能得到更好的设计方案。所以，方案评价和选择的过程显得非常重要。

渠道运行设计包括对运行原则和运行方式的研究和选择。在这一过程中必须考虑正常情况、非常情况以及紧急情况的运行状态，包括渠道充水和放空过程、季节性运行，在某些地区还有冬季运行问题。渠道设计人员必须在设计各类建筑物之前选定运行控制方式。因为不同的运行控制方式产生不同的水面线，所以建筑物高度、超高、渠段长等都取决于选定的运行方式。渠段运行的四种方式有下游常水位、上游常水位、等容量和控制容量。

（一）下游常水位运行方式

渠段下游常水位也称为闸前常水位，水位不动点位于渠段下游端，即渠段下游节制闸的闸前。大流量时，渠段水面坡降陡，反之水面坡降缓。无论渠段内流量如何变化，通过节制闸控制系统，调整闸门开度，保持渠段下游端水位基本恒定。不同流量条件下，该控制方式的渠段蓄水容量变化较大，水流响应时间稍长。但该控制方式要求的堤顶超高最小，工程量较省。

大多数渠道系统所用的运行控制方式是下游常水位运行方式，即每一渠段的下游端水位保持相对稳定。这一方法之所以被大量应用，是因为渠道断面可以输送最大的稳定流量，稳定状态下的水深不会超过设计流量下的正常水深。渠道断面和超高最小。

在下游常水位运行方式下，较大的分水点位于渠段的下游端，使得分水闸可以按相对稳定的最大水深设计，避免了在向用水户送水时由于低水位或水位波动引起供水不足的问题。

当然，退水闸也位于渠段的下游端。当渠段下游端维持常水位时，流量改变将引起水面线绕这一点转动，形成不同稳定流水面线之间的楔形体。当流量增加时，水面坡度和楔形体体积必定增加；反之，楔形体体积减小。

为了实现所需水量的改变，渠段上游端的进流变化必须超额补偿出流变化。进流的变化必须大于出流的变化，直至形成新的恒定流水面线。此外，如需求的变化是可以预测的，那么进流变化可以在出流变化之前开始。

（二）上游常水位运行方式

渠段上游端水位保持不变的运行方式称为上游常水位运行方式，渠段上游常水位也称为闸后常水位，水位不动点位于渠段上游端，即渠段上游节制闸的闸后。通常情况下，渠道流量小于设计流量。为了保持上游段水深不变，渠段水面线位于设计水位之上，需要加高渠堤和衬砌，零流量时需要渠堤水平，这种方式大大增加了工程量，这也是该方式的主要缺点。

在这一运行方式中，通过使水面线绕渠段的上游端旋转而维持上游常水位。上游常水位运行方式有时称为水平堤岸运行方式，因为渠岸必须水平以适应零流量水面线。

水平渠堤使工程费用大量增加，特别是对于混凝土衬砌渠道。大多数现有渠道并非水平渠堤，除非加高下游的堤顶和衬砌。如果渠段的纵坡很缓，或者运行流量大大低于最大过流能力，也可运用此方式。

分水点可布置在渠段的任一地点，因为渠道至少能保持在设计流量时的水位运行。如果分水闸需要稳定水头，分水点应布置在渠段的上游端。为了达到良好的退水效果，退水闸应布置在上游端。如果节制闸有旁侧溢流堰，其堰顶高程必须高于下游段零流量水位。

上游常水位渠道对需水变化具有良好的响应特性。渠段中出流的减少将引起”下游水深增加。这一容量增加有助于使水面线抬高，同时上游段水位不变；相反，出流增加使下游水位向较低的稳定流水位减少。在小流量时，渠段中的蓄水就是准备用于需水增加的储备水量。在较大流量时，水面线以上的体积可用于存蓄出流减少时的多余水量。由于渠段的容积可以缓冲出流变化引起的水量变动，因此可以很好地满足需水要求。

（三）等容量运行方式

每一渠段在任何时候均维持相对稳定的蓄水量，当流量变化时，水面线绕渠段中点附近旋转，保持渠段中点水位不变，这种运行方式称为等容量运行方式。等容量运行方式有时也称为同时运行法，需要上、下游闸门同时启闭调节渠段进出水量。

在渠段中点两侧存在储水楔形体，对于任一给定的流量改变，楔形体体积变化相等、方向相反。当流量减少时，上游楔形体的水量减少，而下游楔形体水量增加。当流量增加时，情况与之相反。

等容量运行方式的主要优点是能迅速改变整个渠系的水流条件。对于上游常水位和下游常水位而言，当流量变化时，需要较长的时间增加或减少整个渠系的水量。滴定法避免了过长时间的延迟，因为渠中的总水量并没有太大的改变。

滴定法的缺点之一是与常规渠堤相比，需要增加渠段下游端的渠堤高度和衬砌高度。然而，对应于零流量水面线所需要增加的高度仅是上游常水位情况下的一半。另外，等容量运行方式需要由集中控制才能完成，只有集中监控才可以同时调整所有的控制建筑物。

（四）控制容量运行方式

通过控制渠道系统中每个渠段的蓄水量，实现渠道的输水调度的运行方式为控制容量方式。根据各用水户的需水及其变化，在严格限制水位波动不超过允许值的前提下，改变渠段的蓄水量满足用水户的需要。

该方式运行的准则是以改变渠段的蓄水量来实现的，而水深不变点可以在渠段内上下移动。由于运行是以渠段蓄水量为基础，因此流量或水深是测量参数。对于控制滴定法，渠段水面线可以升高和降落，就像一座水库一样。

因为没有常水位限制，控制滴定法在所有运行方式中最具有灵活性。渠道运行更容易适应于正常的、非正常的情况以及紧急情况。主要的限制条件是水位波动的允许值。

借助控制滴定法，渠系运行可适应于大范围的流量条件。用控制滴定法可以成功地控制突然的大流量变化，而这种情况在用别的运行方式时需要动用调蓄水库的水量或启用退水闸。

控制滴定法适用于非峰荷期抽水的渠系（非峰荷期电费低）。在用电低谷期大量抽水，在用电高峰期少量抽水，以节省大量电费。在用电高峰期降低渠道水位，利用渠道蓄水量供水，而在用电低谷期抽水补充渠道蓄水量，升高渠道水位。

控制滴定法的缺点之一是，必须使用自动化监控系统和集中控制。如果没有计算机的辅助控制，复杂的控制滴定法将难以实现。

（五）控制方式的选择

以上四种常用的渠道控制方式各有优缺点，需要根据输水工程的具体条件、输水要求、经济合理性进行取舍。等容量运行方式能够迅速改变整个渠系的水流条件。而对于上游常水位运行方式和下游常水位运行方式，当流量变化时需要较长时间增加或减少整个渠系的水量。与下游常水位运行方式相比，等容量运行方式需要增加下游端渠堤超高和衬砌高度，但增加的工程量比上游常水位运行方式少。等容量运行方式还需要使用自动控制系统，控制容量运行方式的灵活性最高，但必须全渠道集中监控，采用渠道水力学模型和计算机辅助控制才能实现。

国内外的大型跨流域调水工程均采用渠道运行控制技术实现复杂的输水调度，并取得了成功的运行控制经验。

二、节制闸的控制

渠道节制闸是最常见的控制建筑物，是实现渠系运行的主要设施，可以控制渠道水位和调节流量。通常，节制闸上游水深被调节到渠道通过最大设计流量时的正常水位。当水深和流量保持相对稳定时，水流就是恒定流。当下游水跃淹没收缩断面时，过闸水流为淹没出流；反之，当收缩断面没有被淹没并暴露在大气中时，过闸水流为自由出流。

渠道上节制闸出流一般都是淹没出流。在某些情况下，自由出流仅在流量较小时出现。在正常渠道运行范围内，渠系不能被设计成有时是淹没出流有时又是自由出流的状况，因为过急的流量变化，如在淹没出流和自由出流之间跃变，会引起运行上的问题。

通过节制闸的水流是复杂的，流量和闸门开度之间的关系取决于上下游水深、闸门结构的物理特性及水流条件（自由出流或淹没出流）。对于不同的闸门形式，理论上都有流量计算公式，但实际应用时需要进行验证。

目前，已发展起来了多种节制闸调节技术，借助它们可以改变渠道流量并建立新的恒定流条件。最常用的三种方法为：①顺序调节方式，即向上游或向下游逐级调节闸门开度；②同时调节方式，即所有节制闸同时调节；③个别闸门调节方式，即个别节制闸单独调节。

这三种方式的主要区别在于闸门调整的时间不同。每一种方式都在全渠系内对水流状态进行改变，但它们各自所用的方法不一样。节制闸调节方式决定了渠道响应特性，即渠道对水流变化的响应速度。一般而言，节制闸调节方式与渠段控制方式相对应。

（一）顺序调节方式

顺序调节节制闸是一种用于改变渠系水流的常用方式。这种方式特别适合于现地手动控制。管理员在沿渠巡视过程中可以很容易地调节节制闸。

节制闸顺序调节的影响随着水流传向下游。当推进波到达时，渠侧分水闸流量才改变。推进波的到达时间取决于节制闸和分水口之间的渠段长度。在常规运行渠道中，流量变化从渠首开始向下游传播。

向下游方向顺序调节闸门，可以在渠段获得下游常水位。以每一渠段的下游端作为水面不动点，可以得到新的水面线。在新老稳定流之间的时间间隔内，渠段进流比出流大。其水量增加值填充在新老水面线之间的楔形体中。当渠段中流量减小时，这一楔形体体积减小，在达到新的稳定流之前，渠段流出的水量大于流入的水量，与流量增加时的情形刚好相反。

当发生非常流量变化时，顺序控制的方向从下游向上游进行。如果下游需水量减小，采取从上游向下游顺序运行将花太长时间才能使渠中流量减小。可以在发生变化的渠段立即调节节制闸，然后从下游向上游逐级调整其他节制闸。

当顺序控制的方向从下游向上游时，管理人员将难以用现地手动控制来实现渠段的下游常水位。渠中容量变化的趋势与下游常水位要求的趋势相反。然而，用现地自动控制系统可以实现从下游向上游的顺序控制。自动控制系统可以及时对下游需水做出响应并调节上游节制闸，由此引起的扰动将连续传向上游，并引起闸门的自动调节，分水口需求的改变自动与渠首进流量联系起来。如果流量变化不太大，这一自动控制方式可以成功地保持下游常水位。

（二）同时调节方式

同时调节所有节制闸可以在最短时间内建立新的恒定流状态。节制闸同时调节技术从一种恒定流状态开始，同时开启所有的闸门使流量增加；在每一渠段将同时产生正波和负波，并分别向下游和上游传播；推进波将在渠段中点相遇并消失，因此新的恒定流状态很快形成。水面不动点位于渠段中点，这是节制闸同时运行的一个重要特点。渠段两端的水深相应改变。

当水面不动点位于渠段中央时，流量改变并不需要渠段蓄水容积改变。流量增加时，上游楔形体容积增加，下游减少：流量减小时，情况与此相反。上、下游楔形体容积大致相等，所以对于所有稳定流态，各渠段水量保持相对稳定。

节制闸同时运行所引起的水位波动不应超过允许的泄降速率。在正常运行期，增高的水位不应长期占用超高部分。渠堤和衬砌要有足够的高度以适应由于节制闸同时运行而引起的水位增加。渠道应在低于正常水位的条件下运行，以便为流量变化留出足够的超高。因此，当恒定流接近设计流量时，渠道适应大流量变化的能力就减小了。

当使用节制闸同时调节技术时，在新的稳定流形成之前，水面不动点可能上下移动。所有节制闸做两步调节，其间留一段时间间隔。第一步形成不平衡水流条件，使楔形体容积增加或减小；然后，在渠段水量变化达到期望值之后，再改变流量使进流和出流平衡。第二次流量改变可能要对多个闸门做调节以达到准确的流量平衡。

开始，水面不动点出现在渠段的中点；随后，由于流量不平衡，渠段中水位不断升高，水面不动点向下游移动；这时所有节制闸同时关闭，使进流与出流相等。

节制闸的第一步调整改变了渠段内的蓄水量，水面不动点可以通过两步同时调节技术做上下游精确移动。

节制闸同时运行技术只能由集中控制系统来实现。新的闸门开度由中央控制室迅速传输到各个远程终端，以便所有闸门做同时调整。

（三）个别闸门调节方式

个别闸门调节一般用于小流量调整，不会影响到整个渠段。个别闸门做调整是为了平衡渠道系统的运行，以维持相邻渠段中的期望水深。有时可能需要在多水和缺水的渠段中进行水的调配。这一调配可能从上游到下游，也可能从下游到上游。如果调水涉及多个连续的节制闸，就可以使用节制闸顺序控制或同时运行技术。

三、调度的约束条件

（一）渠道及建筑物约束

1.渠段的长度

即节制闸之间的距离，对控制渠道流量的能力有较大影响。①如果渠段较长，流量变化必然引起较大的水面波动。设计流量水面线与零流量水面线之间的水位差与渠底高差成比例。准确的变化量视所用的控制方式不同而不同。②较短渠长的渠段较易控制，因为它能快速地响应流量变化并达到新的稳定流状态。当采用上游常水位或下游常水位控制方式时，渠段长度显得更加重要。③下游常水位运行方式的渠道有无中间节制闸两种情况下的水面线。

2.超高

修建渠道时要考虑衬砌和正常水位以上的超高。超高是为了防止风浪影响和暴雨入渠而设置的。同时，超高还可防止水位突然超过最大设计水位。如果水位漫过了超高，将可能损毁渠道并给邻近地区造成水灾。①对于新建渠道，最高水位应通过运行调度研究确定，然后加上一定的超高。一旦确定了衬砌和超高高度，运行时的渠道水位必须受到它们的限制。②上游常水位运行方式要求渠堤水平，因为在零流量时的水面线是水平的。等容量运行方式要求渠段的下游段具有水平渠堤。③除了不同方式的稳定流水面线以外，非稳定流所引起的波也必须保持在渠道衬砌高度以下。流量变化应当缓慢，以便不超出衬砌高度。超高的大小确定了流量变化的快慢。

3.水位降落速率

是渠道中任一点的水深减小的速度。水位下降准则是渠道运行中最严格的约束条件。水位迅速增高只要不超过最高水位就不会引起问题。即使水深保持在某一范围之内，水位迅速下降也可能会损毁渠道。

（1）如果衬砌板下的静水压力大大超过其上的受力，则可能导致衬砌破坏。导致渠道损坏所需的水压力差是衬砌材料强度和重量及渠道形状的函数。衬砌下受力太大将引起变形、裂缝和隆起。每当渠堤土基被水饱和，静水压力就会作用于衬砌板下。饱和土的高程（即浸润线）一般略低于渠水位。渠堤饱和程度取决于衬砌孔隙度和堤基土的渗透性。有时，衬砌板下设置排水，以减小水压力。渠堤上各点的静水压力是不同的，一般情况下，渠道内的水压力大于或等于衬砌板下的压力。

（2）当衬砌板不透水和其下的堤基土排水较慢时，土中水位不会迅速跌落。如果渠中水位下降较快，则衬砌板所受的渗透压力将大于渠内的水压力。衬砌板的重量和强度仅能抵御有限的反向压差。

（3）每个渠段都有允许的最大水位下降速率。在非衬砌渠道、排水性较好的地区、填方渠段、具有较重衬砌板或衬砌板下有排水的渠道中，水位下降速率大于上述数值。通常，当遇到紧急情况退水时不受下降速率的约束。

4.抽水泵站

抽水泵站设备故障和停电可能突然中止全渠系供水。因此，泵站的运行状态对渠道系统的运行非常重要。

（1）泵站与节制闸一样，都是输水控制设施。然而，与节制闸不同，泵站极大地减小了流量调节的灵活性。如果泵站不装上变速电机，其流量的变化将只能以一台机组的抽水能力为运行单位进行。运行的灵活性受到泵站启闭次数限制。

（2）等速水泵运行时只有开或关两种方式，即抽水或不抽水。因此，流量的最小增量就是泵站中最小机组的抽水量。精确的供需匹配几乎不可能，需要调蓄库容调节流量，输水渠可以起到这一作用，但是渠道运行相应受到影响，泵站中机组越少，流量改变增量就越大，运行的灵活性就越小。

（3）采用调蓄的方式可以减小干渠泵站对渠道运行的影响，建一个泵站前池，使相对稳定的水流从干渠自流入前池。如果泵站直接从干渠取水，那么渠道运行方式和控制系统必须有能力对停电做出快速响应。

5.分水口

分水口的位置、类型及大小均对渠道的运行产生影响，影响的大小取决于分水口从干渠的分水量。各类分水口都要求有一个确定的渠道最小水位，在分水口处必须保证干渠水位高于该水位，以避免供水不足。

（1）在自流分水口处，应保持渠中相对稳定的水深，以提供稳定的分水流量。

（2）运行方式必须与自流分水口的位置一致，以满足水位要求。节制闸常设置在大型自流分水口的下游，保持分水点处的常水位。

（3）分水泵站对渠道水位不敏感，但必须保证泵站运行的最低水位。在这一最低水位以上，渠中水面波动并不对分水量产生过大影响。而分水泵站的启停对渠道运行有较大影响，泵站开启和关闭会引起流量的突然增大或减小，导致干渠较大的流量变化增量。

6.节制闸

（1）大多数节制闸都有一个或多个可调节的闸门，所以节制闸可以较小的增量进行流量调节，具有较高的运行灵活性。

（2）调节的频次（即每天允许的调节次数）也对渠道运行有一定的影响，频次高则灵活性好，取决于节制闸的类型和所用的控制流量方法。

（3）许多节制闸都配有旁侧溢流堰，当节制闸上游水位过高时泄水，这是一种防止闸前渠道出现超限水深的好方法。当下游渠道过流能力饱和时，多余的水将被排入退水渠或附近的水库。在有些渠道上，通过侧堰减小节制闸前的水位波动，使得节制闸的调节工作大为减少。但是，侧堰溢流在某些情况下可能引起一些下游的问题。越是下游的渠段其过流能力越小，所以它们不可能承受过多的附加水流。侧堰顶高通常仅比渠道最大设计水位高5cm。在节制闸正常运行期间，这一较小的堰顶超高要求突然的流量变化不能过大，水流变化必须渐进，以防侧堰过度溢流。

7.排水

地下水排水用于排除渠道断面周边土壤中的水，以减轻衬砌板下的静水压力。衬砌下设置排水可以使渠中水位降低时不致损坏衬砌。如果衬砌下土壤排水良好，可增加渠中水位的下降速度。排水应设置在地下水位较高、土壤渗透能力很低的区域，以及预计渠水位降幅较大的地段。每一种运行控制方式的水位变动区都是固定的，这些区域的排水至关重要。

8.暗渠和倒虹吸

（1）当受到天然地形条件制约时，渠系有时以封闭的暗渠输水。如果封闭段的水流呈自由水面（明渠水流），对渠系运行的影响较小。封闭管道满流状态则对运行有较大的影响，水流改变的影响可能被放大，导致邻近渠段产生较大的水位变化。明渠穿越天然河流时，常采用倒虹吸的输水形式。倒虹吸常常是压力流，上下游进出口的高差等于或略大于最大设计流量下的总水头损失。因此，设计情况下，倒虹吸两侧渠道水深相等。

（2）由于倒虹吸的水头损失与流量的平方成比例，小流量时的水头损失可能小于进出口底板高程差。因此，在小流量时，倒虹吸上下游渠道水深可能相差较大。当渠道通过1/2设计流量时，由于水头损失只有设计情况下的1/4的缘故，上游的水深大量减少，此时需要防止出现倒虹吸上游渠道水深低于允许值的情况。如果进出口高差较大，在小流量时，上游倒虹吸的洞口可能露出水面，引起倒虹吸进气而带来建筑物安全问题。

（二）冰期输水约束

冬季寒冷地区，渠道内容易出现流冰、冰盖等冰情。通常，冰期由流冰、冰盖及冰盖消融三个过程组成，当温度降到0℃以下，形成流冰。气温若继续下降，到-8℃以下，并且持续5～8小时以上，则形成冰盖。

冰期输水若调度不当，很容易发生冰塞、冰坝等险情。易发生冰塞的地方有弯道、断面形状改变之处。当渠道输水流冰超过最大挟冰能力或流冰无出路时，流冰堆积，形成冰盖；如渠道流速大，遇到建筑物拦截，或渠道断面突然扩大而流速减缓，就可能发生冰塞。当输水渠道结成冰盖后，与没有冰盖的输水渠道相比，过相同流量时水位壅高；如保持水位不变，则过流量减小。为解决结冰时渠道形成上游高、下游低的冰盖，使过流断面减小，影响正常输水；或避免形成冰塞，保证输水安全，渠段下游必须操作节制闸闸门对输水进行控制。

在冰冻期，各渠段的流冰不允许下泄至下一渠段，要求各渠段的冰凌“自产自销”。因此，运行时各渠段的节制闸必须进行控制，以壅高水位，使渠段水流形成稳定缓变流。若冬季气温较低，渠道中出现大量产冰现象，应尽快促使渠道形成稳定冰盖。由于冰盖的隔热作用，不会在当地产生新的水内冰，渠水通过冰盖与外界发生热交换，只能使冰盖增厚或减薄，从而减小出现冰塞的风险。

为了尽快形成稳定的冰盖，应降低渠道流速，稳定渠道水流状态。降低流速以减少水面的热量交换，使渠中形成冰花浮到水面，并在水面冻结，减小作用在初始冰盖上的力学荷载，加速形成稳定冰盖。

冰融化时，在结冰期水位壅高，增加的渠段槽蓄量应泄出，使渠道水位回落到正常水深。渠段的下泄流量增大，闸门同样应该控制。从流冰到融冰，整个冰冻期输水，闸门都需要严格控制。

（三）调蓄容量限制

1.渠道内的调蓄容积

（1）渠道断面的大小直接影响渠道本身的调蓄能力，影响渠系流量改变的灵活性。渠道流量接近于其输水能力时，渠道水位较高，流量只能承受缓慢的变化，否则会引起水位升高而导致漫溢。当过流量比设计流量小得多时，可以允许流量有较大幅度的变化，并且较容易实现。

（2）一般而言，渠道的设计流量对应设计水深，流量变化引起水位波动。当流量接近设计流量时，水位的波动必须受到限制，否则会引起漫顶。因此，流量接近设计能力时，流量变化必须是渐进的。

（3）当渠道流量小于渠道设计能力时，正常水深小于设计水深。通过渠段下游节制闸将水位壅高，使渠段下游水位接近设计水位，增加了渠段内的槽蓄量，为流量的变化提供了一个缓冲区。流量的改变可以通过对渠段充水或放水来协调。所以，流量变化的允许速率是流量和渠道断面的函数。对任意给定的流量，可以建立最大的流量改变速率，运行时受此速率的限制。

2.渠外调蓄容积

（1）水库、池塘均可作为调蓄工程，调蓄工程把流量变化的渠段与流量不变的渠段隔离开来，实际上也是一个缓冲器，流量不平衡时可以不必弃水或改变渠道水深。如需水增加时可以从调蓄工程中供水而不必增加从渠道引走的水量。

（2）调蓄工程可以是在线的，也可以是线外的。在线式的调蓄容积常可把两段渠道分开，以便独立运行。具有足够容量的在线调蓄水库允许供水计划与需水计划之间存在差异。例如，泵站可以在用电低谷时段抽水，而在用电峰荷期停止抽水。但用水户可以不间断地从调蓄工程获取稳定的供水。线外式调蓄水库位于渠道外，它的功能与在线水库类似。

3.退水能力约束

（1）退水闸将增加渠道运行的灵活性，并为非常和紧急情况提供安全保障。退水是一种有经济损失的调度行为，它使水不能用于预期的目标，如抽水系统中，退水意味着损失电费。在大多数渠道中，退水是迫不得已的，无论何时，只要可能，都要避免退水。然而，为了保护渠道安全，在紧急情况下，退水也是一种必须采取的措施。

（2）退水是由于渠道进流增加或由于分水口流量减小而引起的，也可能是停电、泵站关机或水流阻塞等非正常原因引起。设置退水闸使渠道中的多余水量排入天然河道，地形条件是否合适将影响退水闸的位置。退水设施可能是退水闸，也可能是溢流堰。对于溢流堰，渠水位超过一定高程就会自动溢流，从而达到对渠道的保护作用。下游常水位运行方式控制的渠道，退水设施通常设置在渠段的下游段，以保持下游段在正常运行期的水位相对稳定。

4.电力约束

（1）供电情况对大多数渠系都有影响。渠系需要电力的设备有泵站、电动闸门以及监测、控制和通信设施。需要电力的渠系受供电计划和停电的约束。

（2）电力约束是一种常有的现象，还有些约束与时间有关，如电网峰荷期渠系要停止用电。非正常的断电可能是由闪电、设备破坏、系统超负荷或输变线路损坏所致。

（3）有泵站的渠系受限电的影响最严重。限电不仅对泵站有影响，而且对电力驱动的节制闸的运行也有影响。大多数渠系的控制系统中都含有电力和电子元器件，包括电动机、通信和控制设施。一般需提供后备电源，以备在断电期间控制系统仍可运转。

（4）渠道的运行必须适应于供电条件。对于具有多台机组的泵站，每次运行的机组数量受电力供应的限制。这一限制随时间而变，因为电网中的需电量时大时小。在用电高峰期电费非常昂贵，使得大多数有泵站的渠道系统在峰荷期少用电，而在低谷期多用电。

四、通信与监控系统

（一）通信系统的作用

（1）通信系统相当于工程的神经，工程日常的运行、控制和维护，如水电、节制闸、机组运行情况等数据的采集，控制操作命令的下达执行，管理信息的传输等均需通过通信系统来实现。如果通信系统发生大的事故停止运行，则对工程影响很大，极可能导致工程瘫痪。如输水工程的渠道系统有语音、数据、图像、电视会议及计算机广域网通信等信息传输的要求，通信业务种类较多，通信速度要求较高。

（2）通信系统可通过计算机控制渠道上各节制闸参数的测量、闸门的启闭。现场无人值班，只在节制闸的控制机房内设有RTU（远程终端）和通信话机，控制命令一般由调度中心下达。

（3）语音通信系统使调度中心的值班员能向渠道管理员发出闸门调整和水位调整指令，也使渠道管理员能向调度中心报告渠道的运行状况和系统的非常情况。语音通信还承担工程管理单位行政及办公所需的话务服务。

（4）报警系统使渠道系统中任意一个重要建筑物具有向调度中心及相关渠道管理员提供自动报警的能力。报警信息结合语音信息帮助值班调度员向管理员发出正确的操作指令。紧急情况发生时，通过自动报警信号，调度员能够快速地引导管理员到达出事地点，或者通过远程控制设备采用应急措施。

（5）遥测系统能够向调度员提供设备的数据和状态信息。对于大多数渠道系统，渠道设备的控制能力与遥测通信系统密切相关。两者的结合使调度员具有不需要管理员的协助，而单独对渠道进行监视和控制的能力。将遥测和控制结合在一起的通信系统，通常称为监控通信系统。监控系统为调度人员提供了最灵活的渠道运行调度手段，能够提供报警、设备状态、闸门开度、水位、流量等信息。有了这些信息，整个渠道系统运行调度就能够实现自动化，能够最有效地利用渠道的输水能力和蓄水容量，在非常情况下做出最准确及时的反应。

（二）通信系统的选择

（1）通信系统选择的原则：通信系统的容量和设备接口配置要满足工程所需传输业务量的要求，并留有适当电路余量供以后扩容或电路切换使用；通信系统要保证工程正常运行，并重点保证计算机控制系统广域网数据通信及FEP（前端处理机）与RTU之间的数据传输；保证通信系统的高可靠性。

（2）通信方式：包括光缆、高频或甚高频无线电、微波以及租用线路、卫星等。

（3）通信系统选择要考虑的因素：渠道系统的运行方式、自动控制设备的位置、渠道系统运行的可靠性要求、通信系统的费用、控制点的数量（RRU的数量）、每个控制点的数据量、数据采集和控制系统的设计要求。选择过程还包括从地形条件出发，剔除不适宜的通信方式。

（三）光缆

1.光缆通信

利用光纤传输携带信息的光波以达到通信。要使光波成为携带信息的载体，必须对其进行调制，在接收端把信息从光波中检测出来。由于技术的限制，目前采用强度调制与直接检波方式进行信息加载。因为目前光源器件与光接收器件的非线性比较严重，所以对光器件的线性度要求比较低的数字通信在光缆通信中占据主要位置。数字光缆通信系统由光发送机、光缆与光接收机组成。

2.光缆的构成

光缆呈圆柱形，由纤芯、包层与涂敷层三大部分组成。纤芯位于光缆的中心部位，其成分是高纯度的二氧化硅，此外还掺有极少量的掺杂剂，如二氧化锗、五氧化二磷等。包层位于纤芯的周围，其成分为含有极少量掺杂剂的高纯度二氧化硅。而掺杂剂（如三氧化二硼）的作用是适当降低包层的光折射率，使之略低于纤芯的折射率。光缆的最外层是由丙烯酸酯、硅橡胶和尼龙组成的涂敷层，其作用是增加光缆的机械强度与可弯曲性。

3.优点

不受电磁和静电干扰、频带宽和数据传输率高、光缆之间无串音、雷电和电磁暴对光缆信号无任何干扰、光缆较细，比金属电缆易于安装，适用于不间断的监控和数据采集系统，同时能传输多道数据和语音，具有大的扩展容量、高的保密性，能对抗通信监听。

4.缺点

安装费较高、中继器需要电源，通常是采用电缆供电，因此中继器减弱了对雷电的抗干扰能力，需要将电信号转换成光信号的电子设备和将光信号转换成电信号的设备，需要有专门的测试和维护设备。如果开挖等施工行为损坏了光缆，修复起来很麻烦，要有专用的终端和连接设备。

（四）高频和甚高频无线电（UHF/VHF）

（1）主要用于带宽要求不高，数据传输率低的通信线路，能传输语音和数据信号。当不需要或需要较少的中继器、频道获得无线电管制委员会的许可时，高频和甚高频无线电系统是最经济的通信系统。系统的使用者应充分考虑无线电管制委员会的许可证的时间问题，以避免不必要的频道使用费和混乱。

（2）优点：系统的费用比微波和电缆低，安装时间短，没有由通道故障引起的系统中断。与微波和电缆相比，扩容费用最少，能与移动通信共用频道。

（3）缺点：不适宜大数据容量和大的频带宽，申请许可证困难，费用高且周期长，中继站安装困难，费用高。

（五）微波

（1）微波与光缆系统相似，能提供高速率数据传送，具有频带宽和抗干扰能力强的特点。通常微波能提供比UHF/VHF无线电系统更安全的数据通道和更宽的频带。

（2）优点：比电缆系统安装时间短、没有因电缆故障或通道故障引起整个系统通信中断的情况，系统扩容费用低，系统的容量可以共享，费用可以分摊，不受电磁和静电干扰，频带宽，数据速率高，适用于不间断扫描监控和数据采集系统，同时能传送语音和数据多个话路。具有较大的扩容能力，使用寿命大约20～30年，与金属电缆使用年限相同。使用者可以完全控制整个通信系统，与UHF/VHF无线电系统相比具有较高的安全性，可以对抗外来的通信监视。

（3）缺点：与UHF/VIIF无线电系统相比安装费高，无线频道许可证申请困难，费用贵、周期长，无线信号的可靠性要求高。微波系统建成后，信号通道上新建高楼阻挡无线电波的传送而使系统无法使用。从经济角度讲，不适用于小的频带和低数据率使用微波。

（六）租用线路

（1）租用线路可以作为通信系统的备用通信通道。虽然不常使用，但要求在主通信线路出现故障时启用该租用线路。租用线路还可用作对某些监测点的数据传送。这些监测点的数据保密性要求不高，并且不经常传送，控制指令较少。

（2）优点：节省通信系统的投资；不用考虑许可证、土地征用、建筑物、天线塔、供电、交通等方面的问题；只需要前端设备的费用。

（3）缺点：系统的关停机时间不由使用者控制；通道的安排是根据出租者的条件而不是按使用者的要求确定；每个新的租用期价格可能增加，用户无法控制费用；线路出现问题时修理会拖延很长时间，有时难以解决，特别是在通信系统和控制设备的界面处。

（七）卫星信道

（1）卫星通信系统依赖于卫星服务。因为卫星本身的复杂性，通信有可能中断，如卫星出现故障或为优先级更高的用户重新安排使用时间均会引起信号中断。卫星通道建立后可靠性较高。但使用时间的计划很严格，卫星网络只能按时传送所需信息。卫星系统被广泛地用于气象数据的收集和传送。

（2）卫星通信最适合于遥测系统，这样的系统只是间歇性地传送数据而无控制指令的传送任务。卫星不适合于报警系统和实时控制系统。对于大范围内遥测点数目多但数据量少的情况，卫星通信具有优势。利用卫星可以传送现地控制指令，指令直接送给RTU执行。

（3）利用卫星有应答式、定时使用和紧急使用（如监测到临界情况发生）三种方式。

（4）卫星系统设计最基本的任务是确定各用户的使用时间以及时间是否够用，这包括主站和各地面站。卫星系统中通信时间是最关键的因素。地面站（即数据采集站的设备）和主站（即中心站）的设备与无线通信系统、微波系统的设备差别不大。卫星通信采用数据包的形式进行通信。卫星系统不宜做监控系统。

（5）卫星系统的优点有：设备费用低；不需要中继站；主站只具有遥测功能。

（6）卫星系统的缺点有：不能进行控制；依赖于卫星及卫星出租人；不宜

承担实时监控任务。

（八）通信网络结构

（1）网络结构类型有总线系统、星形系统两种最普通的通信网络结构类型。总线系统是对所有的RTU通过一个通道来服务。在总线系统中每个RTU都有自己的地址。总线系统要求通信首先处理远程终端的地址，每次只为一个RTU服务。总线系统允许RTU之间直接通信。星形系统是每个RTU都有一个专用通道与主站相连。星形系统通信速度快，可处理大批的数据点，直接控制，无其他附加数据处理。但两个RTU只有通过主站或交换中心才能进行通信。

（2）网络结构的选择：需考虑RTU的数量、RTU的数据质量、更新时间、数据传输率等因素。系统的配置与设备的类型有关。选择的设备类型要求选择网络系统是总线系统或是星形系统。

（3）通信通道的类型：主要有单向通信、单工通道、双工通信三种。单向通信通道是最简单的通信通道，数据流只能传向一个方向，在渠道自动化中很少用单向通道，只有当调度员可以直接看到控制效果时才能采用通道遥控。单工通道提供两路通信，但通信只能一个方向进行，当数据流在一个方向传送完成后，信号被送到了接收端，才允许接收端开始发送数据。总线方式的通信系统中主站与RTU之间的控制与请求就是这种类型的通道。双工通信是在主站与RTU之间可以同时提供两路通信通道。

（九）防雷电措施

雷电和其他自然现象给室外的设备带来一定的威胁。

（1）常用的防雷电设备：保险丝能防止通过仪器的电流过大，它能单独使用或与其他设备一起使用；金属氧化变阻器，安装在交流线之间、交流线与接地线之间、保险丝之后，能够安全地传导交流接地线上的超电压并引起保险丝的熔断，保护通信设备；空气充电管，用于通信回路，可将雷电产生的瞬时电流传到地下；空气开关，利用空气间隙断开线路，当电压超过一定值时，自动断开线路，常用于天线的防雷；无线频率干扰过滤器，由电阻、电容、电感器组成，防止高频瞬时电流如交流电、电话电流信号或电能转送器信号通过，有效地防雷电，防止电机及开关器引起的瞬时电流。

（2）接地：接地对防雷电非常必要。自动化系统的所有部件必须组装在一起，并确保接地。给雷电一条固定的接地线路，防止各部件之间产生大的电压。通过用导线连接所有金属外壳和底座，然后将导线接地或接在接地杆上的方式实现。

参考文献

[1]刘景才，赵晓光，李璇.水资源开发与水利工程建设[M].长春：吉林科学技术出版社，2019.

[2]刘江波.水资源水利工程建设[M].长春：吉林科学技术出版社，2020.

[3]李平，王海燕，乔海英.水利工程建设管理[M].北京：中国纺织出版社，2018.

[4]宋美芝，张灵军，张蕾.水利工程建设与水利工程管理[M].长春：吉林科学技术出版社，2020.

[5]贺芳丁，从容，孙晓明.水利工程设计与建设[M].长春：吉林科学技术出版社，2020.

[6]贾志胜，姚洪林.水利工程建设项目管理[M].长春：吉林科学技术出版社，2020.

[7]孙祥鹏，廖华春.大型水利工程建设项目管理系统研究与实践[M].郑州：黄河水利出版社，2019.

[8]赵宇飞，祝云宪，姜龙，等.水利工程建设管理信息化技术应用[M].北京：中国水利水电出版社，2018.

[9]杜辉，张玉宾.水利工程建设项目管理[M].延吉：延边大学出版社，2021.